わが子からはじまる
クレヨンハウス・ブックレット　014

[illegible]原発の
[illegible]問題」は
止まらない

原子力資料情報室共同代表
山口幸夫

本書は、2013年10月27日にクレヨンハウスで行われた「原発とエネルギーを学ぶ朝の教室」㊶での講演をもとに、2013年12月1日現在の状況やデータに基づき加筆・修正のうえ、再構成したものです。本文中の注は、編集部作成。

クレヨンハウス

はじめに

続く「燃料棒取り出し」、「放射能汚染水」問題

東京電力福島第一原子力発電所（以下、福島第一原発）で、隣り合った3基の原子炉がメルトダウンし、環境に大量の放射性物質を放出した事故から、2013年12月で2年9ヶ月が経ちました。たいへん残念なことですが、事故は終わったとは言えないというのが現状です。なんとかして、これ以上は状況が悪化しないようにと、現場の作業者たちはぎりぎりの努力を続けています。

作業を進める際、最大の障害になっているのは、放射能と放射線です。原子炉建屋、タービン建屋、プラントの周辺が放射性物質に汚染されていて、空気中にも放射性物質が漂っています。重苦しい作業服に、放射性物質吸入防止のマスクをつけたうえでは、長時間の作業はもちろん、とっさの判断を必要とする現場での対応が難しい。

しかし、**緊急に対応して解決しなければならない問題があります。4号機のプールにある核燃料を取り出して、より安全な場所に移すこと、そして、溜まり続ける放射能汚染水を外に漏らさず、これ以上は増やさないことの2つです。**

事故のとき、4号機は定期点検中で、原子炉の中には核燃料は入っていませんでした。しか

し、3号機から漏れてきたと思われる水素によって、燃料プールで水素爆発が起き、原子炉建屋で火災が発生しました。燃料プールには、使用済み燃料1331体と未使用燃料202体の計1533体が入っていました。建屋の健全性が心配され、補強工事は行なったものの、はたして安全性は充分かどうか。何年も冷やし続けなければならない大量の燃料を早く、もっと安全なプールに移すことが求められていました。**2013年11月18日、まず未使用燃料22体の取り出し作業がはじまりました。全部取り出すには、2014年いっぱいかかるとされています。大きな地震や、取り出し中に不測の事故が起きるかもしれず、予定通り進むかどうかわかりません。**外国の多くの人々も、この作業に注目しています。東京電力に任せておいてはいけない、国際的な熟練技術者チームをつくって作業をやるべきだという意見もあります。

もうひとつの問題、放射能汚染水は、ますます深刻で混迷を深めています。即効性ある対策が立てられないでいます。**大地震で建屋、格納容器、また、地下のいろいろの設備が壊れたために、溶け落ちた核燃料を冷やし続ける水を閉じ込めることができず、海へ、土壌へ漏れでています。放射線量が高くて、壊れた箇所がどこなのか調べることがままなりません。**したがって、修理もできず、困り果てている状態が続いているのです。現在は、汚染水を地上の貯蔵タンクに汲み上げて保管していますが、いつまでもそれを続けることはできません。

このブックレットでは、放射能汚染水の問題をとりあげました。放射能、放射線、原発につきまとう被ばくのことにも触れました。

（2013年12月）

第1章　「放射能汚染水」という難関

●核分裂を「止める」ことには成功したけれど

福島第一原発には1号機から6号機までありますが、ここでは1～4号機とその周辺施設を中心にお話しします。

福島第一原発で事故が起きたとき、運転中だった原子炉の核分裂はなんとか止めることができたようですが、核燃料を冷やすという大事な仕事、それから放射能を外に出さないということには、失敗し続けています。

運転中だった1～3号機の原子炉には、もちろん核燃料が入っていましたが、定期点検中だった4号機の原子炉の中には、事故当時、核燃料が入っていませんでした。その代わり、使用済み燃料プールの中には、とくに多く、1533体もの燃料が入っていました。**ほとんどを占める使用済み燃料が崩壊熱を出し続けていますので、冷やし続けなければいけないというのが現状です。**

●放射能汚染水とは

放射能汚染水というものがなぜできるか。

ウランを核分裂させると、自然界にない放射性物質（＊1）がたくさんできてしまいます。それは放射能という性質を帯びていて、その性質はどれも人体になんらかの影響があるうえ、なかなか消えてくれない。放射能は、半分、半分、半分と減っていくので、その減っていくサイクルを半減期といいます。半減期の長いものでは、プルトニウム239というのがよく知られているかと思います。長崎に落とされた原爆の材料になったものです。これは放射能の強さが半分になるまで、約2万4000年かかります。

放射能が無視してよいほどの弱さになるまでの時間は、ふつう、半減期の10倍と考えられています。わたしは、10倍では短い、20倍と考えたほうがいいと思っている慎重派です。2万4000年の10倍というと、24万年。20倍だと、ざっと50万年ほど経たないと、プルトニウム239を無視するわけにゆきません。セシウム137というのは、30年が半減期ですから、10倍で300年、20倍で600年、生き続けるわけです。

そういう放射性物質がわんさと入っていた原子炉内の圧力容器の底が部分的に溶けて、核燃料が格納容器の底側へ落ちたようですね。しかし、溶け落ちた燃料はどんなふうになっているか、まだ誰にもわからないんです。見ようにも見られない。5年か10年かすれば、ある程度見当がつくと思いますけれど。

原発を動かすことで、何百種類もの放射性物質ができてしまいます。何十万年も生き続け、崩壊熱を出し続けますので、それが問題にならなくなるまで冷やす。水がいちばん冷やしやすいので、水で冷やします。**放射性物質を冷やし続ける間に、放射性物質が水に溶け込んだり、混ざってしまう。これが「放射能汚染水」と呼ばれ、その扱いが大問題になっているのです。**

＊1　自然界にない放射性物質……例えば、ヨウ素131、クリプトン85、ストロンチウム89と90、プルトニウム238と239、アメリシウム241、コバルト60など。

●「漏れる」……放射能汚染水が環境中に流れ出る

2011年4月2日の時点で「2号機の取水口から、大量の放射性物質が海に流れ出た」という報道（＊2）がありました。原子炉建屋からタービン建屋に漏れ出た水には、ヨウ素、セシウムが入っていたと報道されましたが、ほかにもストロンチウムなど各種の放射性物質が入っていたと思われます。原子炉建屋、タービン建屋は繋がっています（図1）。後述しますが、放射能汚染水から放射性物質を取り除く装置を組み込んだ、放射能汚染水処理のシステムがあります。放射能汚染水がちゃんと、その閉じ込められた回路の中だけで循環してくれればいいのですが、現状はそうなっていません。そのうえ、**どこからどういうふうに放射能汚染水が漏れてしまっているのかもわからない。**

さらに**福島第一原発の場合は、1日あたり400トンくらいの地下水があらたに建屋に入ってきていて、それが放射能汚染水と一緒になってしまっています。通常よりも非常に大量の放射能汚染水が生じているので、すべてを閉じ込めておくことができず、外に漏れ出ています。**

図1／「福島第一原発2号機の放射能汚染水の流出経路」

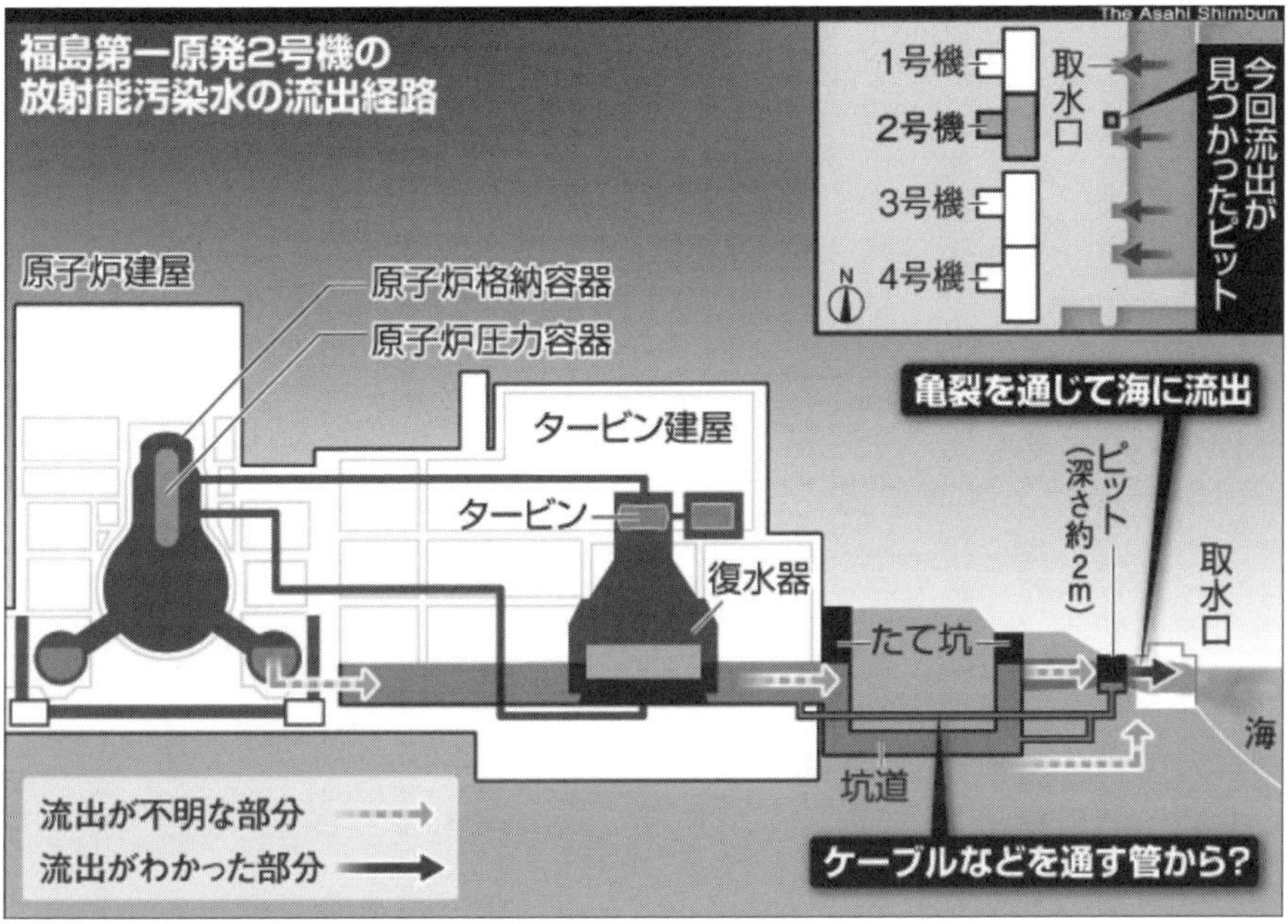

出典：朝日新聞2011年4月3日朝刊

右上は、1～4号機と2号機の取水口の配置図。取水口付近にある、電源ケーブルなどを納めるピットに放射能汚染水が溜まっていたうえ、亀裂から取水口を通じて、汚染水が海に流出していた。放射能汚染水は、原子炉建屋・タービン建屋からピットへ流れ込んだと考えられているが、具体的に汚染水の通った経路は判明していない。

漏れ出した放射能汚染水は、海に流れ込んだり、土壌を汚しながら地下に染み込んでいったりしています。

安倍首相は「汚染水はコントロールされている」（＊３）と表現したようですけれど、到底そういう状況ではありません。

＊２　２０１１年４月２日の報道……東京電力は２０１１年４月２日、「２号機から、放射能汚染水の流出を確認した」と発表。新聞各社など国内メディアに加え、海外メディアもそのことを大きく報じた。

＊３　「汚染水はコントロールされている」……２０１３年９月７日、２０２０年のオリンピック開催地を決める「国際オリンピック（ＩＯＣ）総会」で、安倍首相は福島第一原発の汚染水漏れ問題について「状況はコントロールされている」「汚染水は完全にブロックされている」と発言した。

●濾過する装置でさえ、取りきれない放射性物質がある

放射能汚染水の処理がいま、どうなっているかですが、流れ込んできている地下水を含めて、放射能汚染水は原発施設のなかで循環していることになっています（図2）。

福島第一原発で発生している放射能汚染水は高度に汚染されていますから、アルプス（Advanced Liquid Processing System／略称ALPS／多核種除去設備／資料1）と呼ばれる特別な装置を使い、とくに厄介なストロンチウム90という放射性物質を取り除こうとしています。アルプスは、トリチウムという放射性物質は取れないけれど、ほかは大体取れるとしている大掛かりな装置ですが、まだうまく動いていません。そもそも動く保証があるかどうかもわかりません。アルプスで取り除けるとされる放射性物質は62種類あります。放射性物質を取り除く方法として、たとえばストロンチウムは、いろんな物質と結合させ、沈殿させます。

わたしが心配しているのは、その沈殿物に含まれる高濃度の放射性物質が、放射線を出すときのことです。放射線を出すと、水を分解し水素ができて、その水素が爆発する、いわゆる水素爆発の可能性があるんですね。**福島第一原発における、アルプスによる放射性物質の除去は、これまで成功している実験室レベルの、ごく小規模なものではありません。大規模な、大量の放射能汚染水の処理ですから、想定している原理的なことと、実際の技術的な面で、大きな食い違いが生じてくるに違いないので、アルプスに期待はできないと思っています。**

図2／放射能汚染水の循環

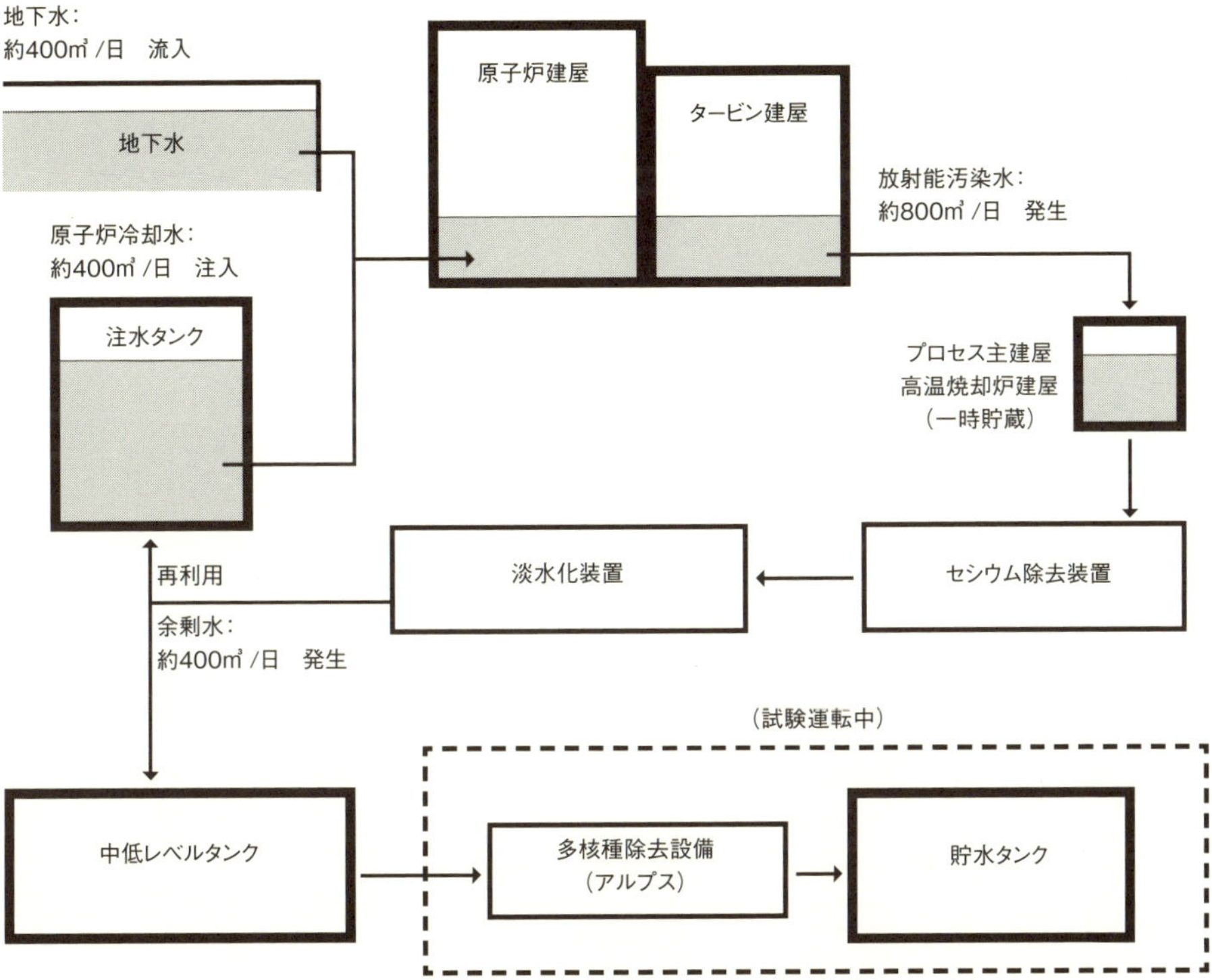

参考：2013年6月27日付「東京電力(株)福島第一原子力発電所1～4号機の廃止措置等に向けた中長期ロードマップ」
（40ページの図を一部改変）

原子炉建屋に冷却水として注入される400トンに加え、地下水400トンが加わり、一日で800トンの放射能汚染水が発生する。800トンの汚染水はセシウム除去装置などを通され、半分の400トンは冷却水として再利用されるが、残り半分は行き場のないまま、余剰水としてタンクに保管されている。そこからさらにアルプスによって放射性物質を取り除き、より放射能の低い状態の水にしたいとしている。

資料1／アルプスとは

多核種除去設備　／　ALPS（Advanced Liquid Processing System）

・トリチウムは除去できない。

・ストロンチウム、セシウム、プルトニウム、マンガン、コバルトなど、62種類の放射性核種は除去できるとされるが、実績はない。

・放射性核種を吸着させて沈殿させる方式。高濃度沈殿物の始末の方法は未定、爆発のおそれもある。

・運用予定が大幅に遅れた。2013年10月現在、実験中だが、失敗をくりかえしている。

・実験室規模と異なり、大規模なので、期待はできない。

・現行の設備容量は1日500トン。

提供：：原子力資料情報室

●「放出していい」基準値の存在する放射性物質たち

アルプスが取り除けない放射性物質であるトリチウムは、三重水素、${}^{3}_{1}H$のことです（図3）。原子というのは、原子核と電子からできています。水素はふつう、原子核は陽子ひとつでできていて、そのまわりを電子がまわっている。周期表で言いますと、1番目の原子です。${}^{1}_{1}H$と書きます。ところが原子核の中に、陽子ひとつと中性子ひとつとでできているものがあります。それは重水素＝デューテリウムと言います。${}^{2}_{1}H$と書きます。

それから、いま問題になっているトリチウムですね。これは、陽子ひとつと中性子ふたつで原子核をつくっています。**水素の同位元素、あるいは同位体と言いますが、三重水素＝トリチウムだけは放射能をもっているんですね。**これ

図3／水素の同位体

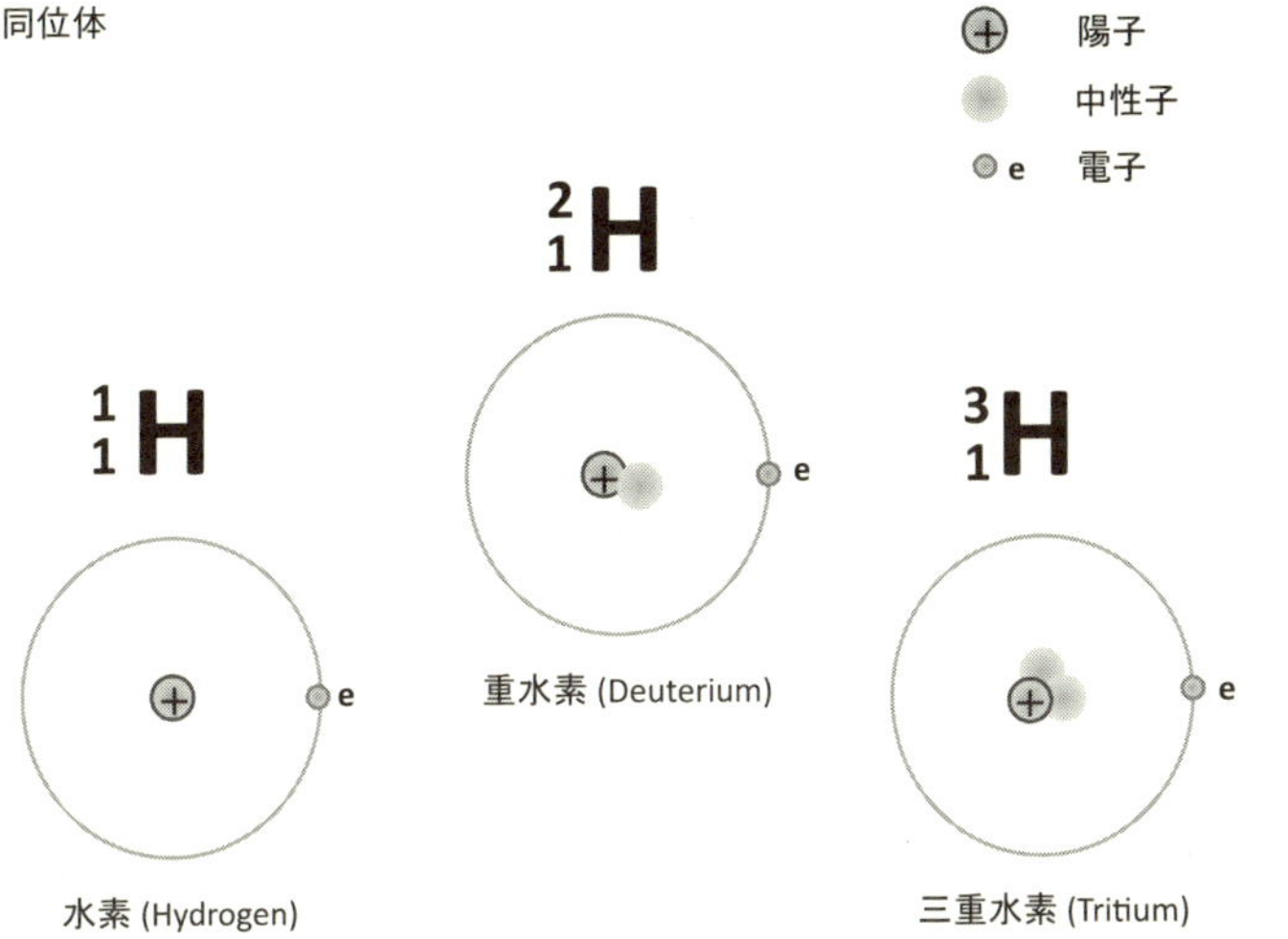

提供：:原子力資料情報室

が厄介なんです。トリチウムは、ベータ線というものを出しながら、半減期12・3年で減っていきます。そんなものが細胞の中に取り込まれたときにどうなるか、という問題があります。

こう言いますのも、**トリチウムは水と一緒になって、からだに入ってくる可能性があります。**わたしたちは、生きていくのに水を大量に必要としていますし、からだの6～7割は水ですから、水の中にトリチウムが入り込んだときが心配なわけです。

一方で、放出していいとされる、放射能の法定基準値が存在します（資料2）。

トリチウムは、1リットルあたり6万ベクレルまでであれば、環境中に放出していいことになっています。セシウム137はもっと厳しくて、1リットルあたり90ベクレルです。ストロンチウム90は、1リットルあたり30ベクレル。

資料2／放射能放出の法定基準値

放射能放出の法定基準値

トリチウム	60,000ベクレル/リットル（ベータ線、半減期12.3年）
セシウム137	90ベクレル/リットル（ベータ線とガンマ線、半減期30.1年）
ストロンチウム90	30ベクレル/リットル（ベータ線、半減期28.8年）

提供：原子力資料情報室

環境中に放出された放射能が無視してよいほどの弱さになるまで、トリチウムは半減期の10倍とするなら約120年。20倍とするなら約240年。セシウム137は、5ページにあるように、半減期の10倍とするなら約300年。20倍とするなら約600年。ストロンチウム90も、セシウム127と同じく、半減期の10倍とするなら約300年。20倍とするなら約600年となる。

最近のニュースによりますと、セシウムが10何万ベクレルとか検出されています。それも、本当にちゃんと測ってるかどうかわからないんです。東京電力（以下、東電）が２０１３年10月のはじめに出した報告書を見ますと、本当はストロンチウムを測るのに何日もかかるんです。トリチウムを測るのでも、丸１日くらいかかってしまうので、先日の大雨（２０１３年10月の台風27号）のときに、すぐデータが出てきましたけれど、あの検出値が本当かどうかわからないですね。**ベータ線を出す放射線核種をきちんと測るのは難しいです。わたしのいる原子力資料情報室では測れません。装置を持った専門家でも、何日間もかかります。**東電は２０１３年10月はじめの段階で、ストロンチウムをせめて4日くらいで測れる装置が欲しいと言っていたのですが、現実には２週間くらいかかっている。

ですから大雨が降って、**溜まった水を緊急放出したときに毎回発表される数値は眉唾ものですね。**環境中に大量のストロンチウム、セシウムが出ているのは間違いないと思います。

今回の事故が起きて、放射能汚染水の中にトリチウムが大量に入っているわけです。ほかの放射性物質はある程度、アルプスによって取ったとしても、トリチウムだけは取れないので、多分、環境中に出してしまったと思います。**これから先も、「薄める」と言いつつも、結局は出してしまうのではないかと心配しています。「基準値以下だから大丈夫だ」というのが原子力規制委員会の言い分なんですが、大丈夫かどうかは、そうハッキリしたことではありません。**それぞれのひとの判断も入ります。わたしは、注意するに越したことはないと思っています。

カナダでは、トリチウムが原因ではないかと推測される子どもたちの異常が、１９８８年にいろいろと報告されています（＊４）。日本では、青森県六ヶ所の核燃料再処理施設（＊５）が動き出すとなると、トリチウムを全量、環境に放出してしまうことになりますので、それが心配です。

＊４　カナダの報告……原発のあるピッカリングと、隣接するエイジャックスで、１９７３〜８８年の間、遺伝障害、新生児死亡、小児白血病、ダウン症の発症率など、それぞれに増加が見られた。上澤千尋さんの論文「福島第一原発のトリチウム汚染水」（岩波書店『科学』２０１３年５月号　５０４〜５０７ページ）に詳しい。

＊５　青森県六ヶ所の核燃料再処理施設……青森県六ヶ所村にある使用済み核燃料再処理施設は、２００６年のアクティブ試験開始以来、トラブルが続いており、本格稼働が何度も延期されている。もしも再処理施設が稼働すれば、環境中に「原発１年分の放射能を１日で出す」と言われている。

●「増える」……地下水が混ざり、日に400トンのペースで増える放射能汚染水

放射能汚染水の問題で、非常に困っていることのひとつは、山側から流入してくる地下水です。それをなんとか入らないようにしたい。でもうまくいっておらず、いまもずっと入ってきています。

東電は、対策としていろんなことを考えたようです。山側に井戸を掘って、井戸から水を汲み上げて、地下水を減らそうとしているんですけれど、うまくいかない。民主党政権のときに、民主党の馬淵澄夫さんが東電に**「山側から水が入ってこないように、遮水壁をつくるべきだ」**ということを主張した(＊6)そうです。しかし、それには1000億円くらいかかるので、東電はそれを受け入れず、今日に至っています。

ごく最近ですけれども、「産業技術総合研究所」の地質地下水の専門家のひとたちが行った、わりと丁寧な調査が公表されました(図4)。台風が来て、大雨が降ったりして、それこそ想定外の水が建屋に入ってしまった。どうしたらいいかということで、専門家のひとたちが地質状況を調べて「地下水はこう流れている」というレポートを出しました。

放射能汚染水の貯蔵タンクというのが、いま(2013年10月末)は3種類で1000基ほどあります。**簡易ボルト締めという、フランジとボルト締めでつくったタンクは、もう劣化がはじまっているんですね。**設置当初から言われていたんですが、タンクの寿命は2~5年。本格的なタンクをつくろうとすると、時間がかかって間に合わないと、東電は言っています。

図4／福島第1原発の地層と地下水の流れ

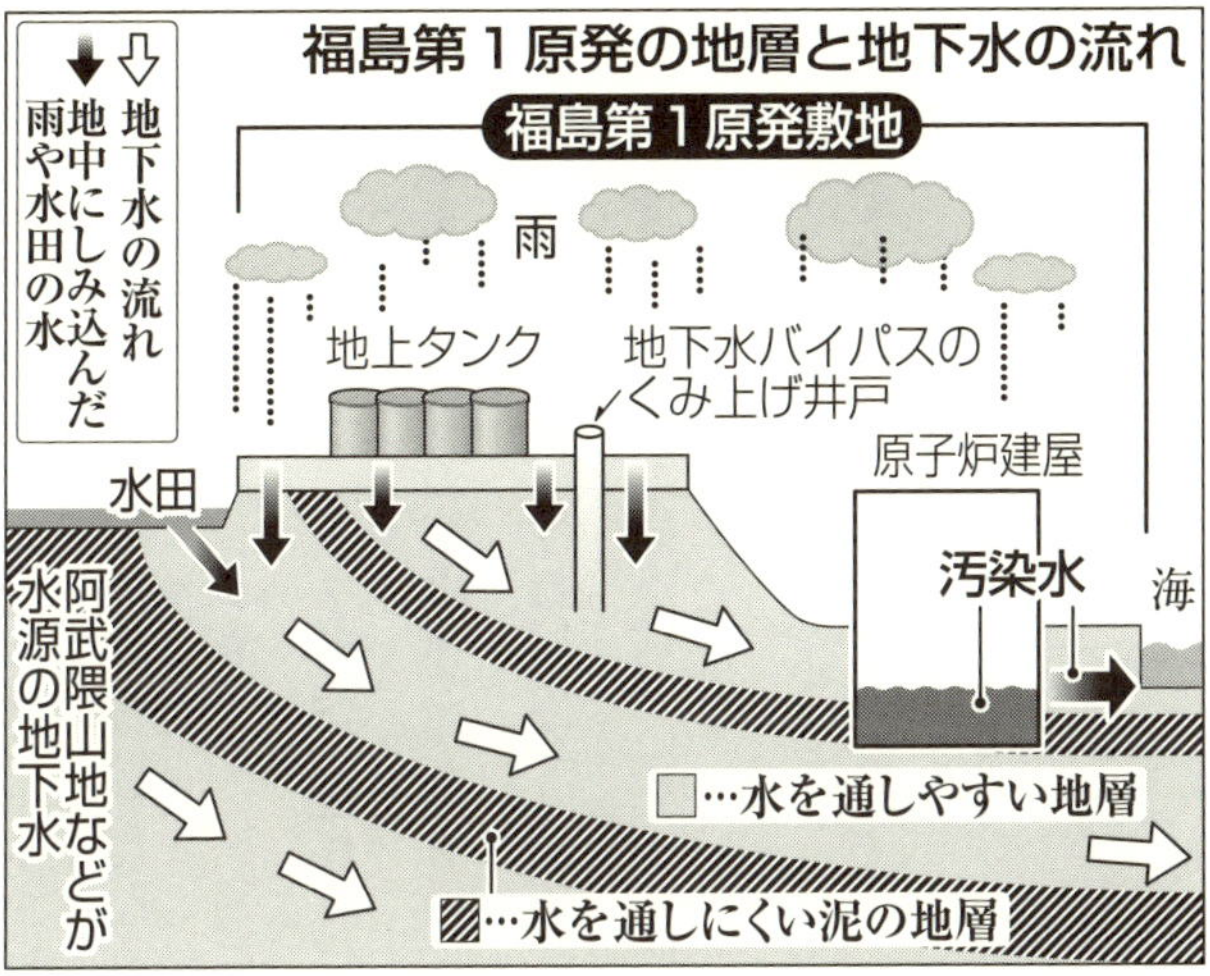

写真提供：共同通信社

地下水脈から原子炉建屋、海へと汚染水が流れ込みやすい高低差があること、ちょうど原子炉建屋のあたりは水を通しやすい地層であることが見てとれる。

いま（2013年10月末）、およそ30万トンくらいの汚染水が貯蔵されています。2年後には70万トンにもなろうという予想（＊7）です。いちばん大きな貯蔵タンクは1000トンの容量がありますが、流入してくる地下水が混ざり、1日400トンのペースで新しい汚染水が発生しているので、2日半経つと満杯になる。この状況が、用意されているタンクに次々と及んでいます。タンクは劣化しますし、結局は毎日のように環境への放流がありますので、ひやひやしているわけです。**もう現実に垂れ流しが起こってしまったので、流出があればその都度、緊急に対応するというのが東電の、あるいは国の、認めざるを得ない方針なんですね。**東電はこういうやり方で、放射性物質を20〜25年冷やし続けると言う。東電のやり方は、ちょっと信じがたいと言わざるをえない状況になっていると思います。

＊6　「遮水壁をつくるべきだ」……「東電に『遮水壁をつくるべき』だと提案したが、その費用が約1000億円にのぼるという試算により、東電が設置の延期を求め、当時の菅政権もそれを受け入れた」と、2013年9月18日、民主党の党会合で、事故当時に首相補佐官だった馬淵澄夫衆議院議員が証言した。
＊7　汚染水の増加ペース……0・04万トン／日×365日＝14・6万トン。2年で約30万トンの増加だが、天候により流入する水量が増えることも鑑み、ここでは70万トンとしている。

●問題点1「マネジメントシステム」

放射能汚染水の問題は、大きくふたつあると思うんです。

ひとつは、マネジメントのシステムが全くダメだということです。

電力会社というのは、平常時にちゃんと原発を運転するということはできるでしょう。でも、いざというとき、非常時にどう対応するかという点では疑問がある。よく言われるたとえだと、自動車製造会社がバスをつくって、バス会社に「はいどうぞ、運転して」とバスを渡す。バス会社はバスの運転手になって、バスを動かす。ところが、そのバスに非常事態が発生したとき、運転手は対応がよくわからなくて……となってしまう。

本当はくり返しくり返し、ちいさな失敗をして、経験を積み重ねて力をつけていけばいいんですけれど、それは難しい。実際、今回の過酷事故に対応できていない状態になっています。それに原発は非常に巨大なシステムですので、誰かひとりが事態を全部把握して、あれこれきちんと細かいところまで指示をするわけにはいきません。

しょっちゅう東電の方針が変わったり、国の方針が変わったりというのは、マネジメントシステムそのものに問題があるわけです。放射能汚染水の問題に関しては、練達の技術者グループ・専門家を集めて独立した組織にして、すべてそのひとたちにマネジメントさせて収めよう、という案が出ていますけれど、国が全面的に、その指示を受け入れることをしない限りは、実現しません。

● 問題点２「技術」

もうひとつは、技術の問題です。

国が考えているのは、巨額のお金を投じて、やったことがない規模での「凍土壁」というものをつくることです。**地下水が混ざってしまわないように、そして放射能汚染水がとにかく外に出ないように、敷地の中のいちばん危ないところ、つまり原子炉建屋を、凍土壁で囲ってしまおうという案なんです（図5）。**全周1・4キロメートルの距離に、1メートル間隔でパイプを埋めて、マイナス40度の冷却材を流すというんですね。そうすることで、パイプの周りの土壌が凍り、遮水壁となる。**そのために４００キロワットの冷凍機を14台使って、冷やさなくてもよくなるまで、おそらく何十年か、電気を使って冷やし続ける。**

この方式は、トンネル工事などで水が出てきたような場面で使われたことはあるけれど、今度のような大規模な場面では使われたことがなく、うまくいくという保障はまったくない。そんな方式が、果たして可能かどうか。

●放射能汚染水の増加をくい止める

わたしは国が考えている凍土壁方式をうまくないと思っていて、そこで対案を挙げてみます。ひとつは、「プラント技術者の会」というグループが提案している方式です。「プラント技術者の会」は、石油プラントなど、大きな工事を請け負い、海外でも高く評価されている技術者たちでつくられています。「プラント技術者の会」のひとたちは次のように考えています。

現在、建屋に流入している地下水は、敷地に降る雨が地下に浸透したものです。地層は山側

図5／汚染水タンク 凍土遮水壁

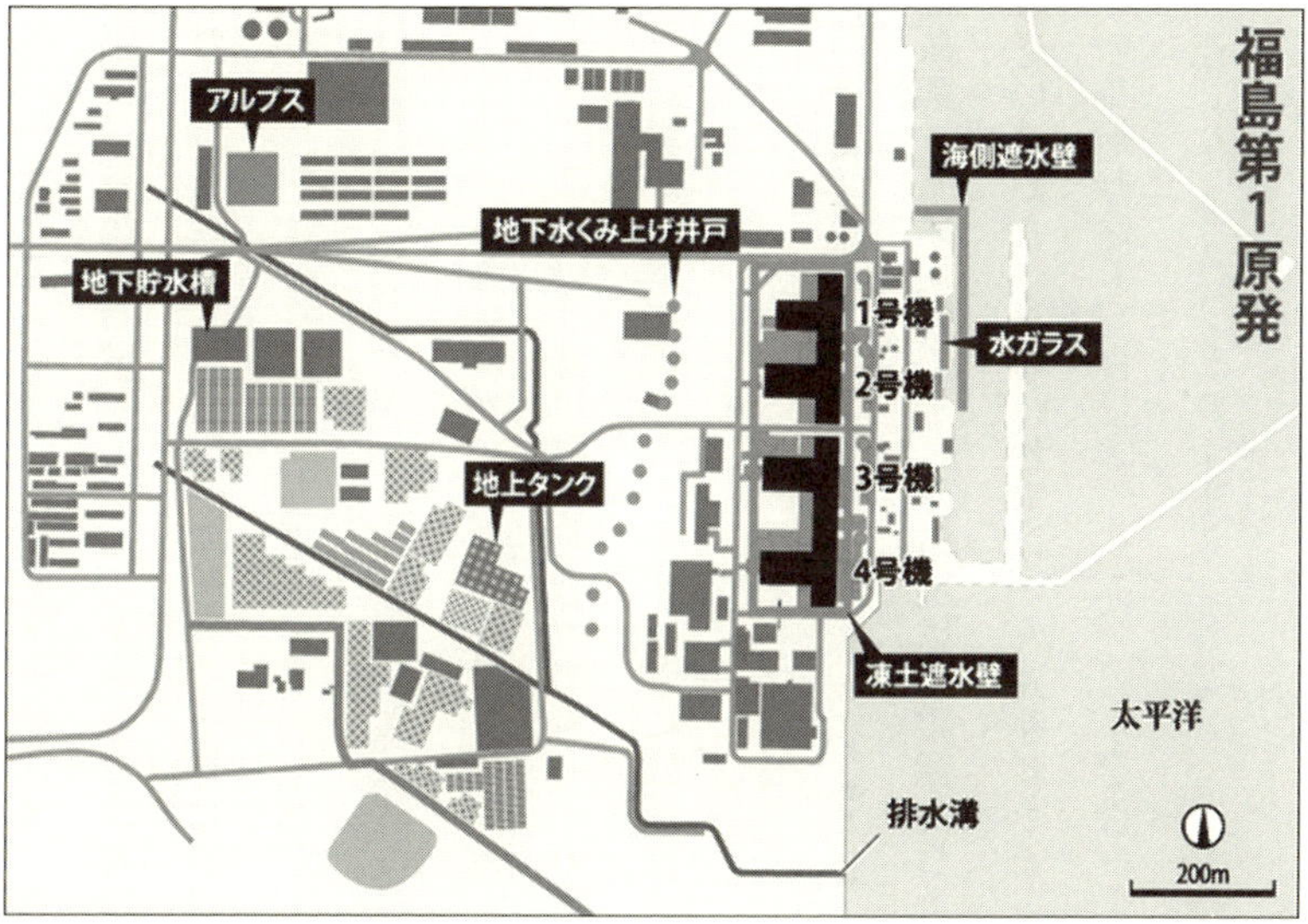

出典：毎日新聞2013年9月7日朝刊

から海側に傾斜しており、地下水は建屋に向かってゆっくり流下しています。地下水発生を防ぎ、建屋内への流入、または建屋からの放射能汚染水の流出を防ぐには、建屋より西、敷地の山側約1キロ四方を舗装することと、建屋近くの地下水汲み上げ井戸で水位調節することです。

国は、原発廃炉の技術を確立するため、「国際廃炉研究開発機構」(International Research Institute for Nuclear Decommissioning／略称IRID）という団体をつくりました。ここは放射能汚染水対策の公募をして、「地下水流入抑制低減方策」を講じようとしています。「プラント技術者の会」は、それに応募しています。

一方、**わたし自身の案はもっと大規模なもので、「地下式万里の長城」と呼んでいます。中国に、万里の長城というものがありますね。地下深くまで達する、万里の長城のような長大な壁をつくって、福島第一原発をぐるりと囲ってしまう。**おそらく何キロでは済まない、何十キロの長さになるだろうと思います。それによって、山側から入ってこようとする地下水は、「万里の長城」に突き当たって、原子炉建屋に流れ込むことなく、そのまま海に流れ込むでしょう。こういうものをつくるのが現実的ではないか、と考えています。

しかし、こういう案が出たと言っても、その案が国や東電の人間を含めてきちんと議論されるような場が日本にはないのが、非常に残念なことです。

● 放射能汚染水を、これ以上漏らさないために（2013年12月の情報を元に加筆）

福島第一原発が建てられた場所は、山側から大量の地下水が日常的に流入していることで知られていました。東電は建設中から対策に悩まされ、原子炉建屋のまわりにドレン孔（水抜き穴）を23本あけて、日量850トンの水を汲み上げて海へ流していました。

前述したように、2011年4月2日、2号機取水口付近の電源ケーブルピットから、海へ約520トンの放射能汚染水が流出したことが発覚しました。

放射能汚染水漏れの問題は、地震と爆発とで、地下のいろいろな設備やパイプなどが壊れたのが決定的です。溶け落ちた核燃料を冷やすために循環させている日量400トンの水を、外へ漏らさないようにすることがどうしても必要なのです。

そのためには、破損箇所を特定して修理せねばなりません、最近になってようやく、圧力抑制室で2箇所の漏れのようすがロボットカメラで撮影された報道がありました。**しかし詳細がわからないために、その先の修理にとりかかることができないでいます。放射線量が高いことが作業を妨げているのです。**

地上に設置した貯蔵タンクは本格的な溶接構造にして、劣化を防がないといけません。石油基地などで用いられている、10万トン容量のタンクを使うべきだという意見が出されています。きちんと対応するためには、マネジメント・システムのしっかりした専門技術者集団の組織をつくらないと、展望がありません。

第2章　崩壊熱は制御できない

●熱したものを、すぐには冷やせない

わたしは大学院の頃、極低温の物性物理（＊8）をやっていましたので、物体の温度を冷やしていくことについては経験があるのですが、温度の問題というのは非常に厄介です。

「原発は天上の火である」（＊9）という表現を見つけました。**火をつけることはできるけれど、消すことはできない、という意味で「天上の火」と言う。まさにそうなっているんですね。**

アメリカ合衆国の原子力規制委員会（United States Nuclear Regulatory Commission／略称NRC）の前委員長で、グレゴリー・ヤツコ（Gregory B. Jaczko／＊10）さんという方がおいでです。原子力規制委員会の委員長というのは非常な権威とされていて、福島での原発事故のあと、何度か日本に視察に来られています。伊方原発反対の市民運動をしているひとたちが、2013年9月の半ばに、ヤツコさんを四国にお呼びしたのです。そのついでに東京に来て、丸1日、わたしたちに付き合ってくれました。

ある日の午前中、15〜16人がヤツコさんと議論しました。そのときに、わたしは訊いたんですね。「あなたは結局、原子力、原発というのは、コントロールできるものと思っているかど

うか」と。彼は「止めることはできるけど、崩壊熱は制御できない」と言いました。なかなかうまいことを言うなあと思って感心したんですけれど。**わたしたちは熱エネルギーがないと暮らしていけませんが、熱というのは本当に困りものです。いざというときに冷やそうとすると、ものすごく時間がかかります。**けれども、水冷や空冷をやるしかない。原子炉を止めても、原子炉の中にできた様々な放射性物質が崩壊熱をもっているので、ある段階まで冷やし続けなければなりません。空気による自然冷却でよいとなるまで、通常は水を使って冷やし続けます。

＊8　物性物理学……物質の巨視的（人間の感覚でも識別できる程度）な性質を、原子の視点から研究する物理学。

＊9　「原発は天上の火である」……高木仁三郎（＊11）さん著『科学の原理と人間の原理　人間が天の火を盗んだ―その火の近くには生命はない』（方丈堂出版／刊）に以下のような高木さんのことばがある。47ページより引用。

「西洋の故事に、プロメテウスが太陽から火を盗んできたという話があります。これが非常にゼウスの怒りに触れてプロメテウスは罰を受けるわけですが、あれが非常に象徴的な事だという気がするんです。天の火を盗んだというわけですけれども、まさに原子力というのは天の火を盗んだものだと思うんですね。地上の火ではない。」

＊10　グレゴリー・ヤツコさん……物理学者。２００５年からアメリカ合衆国の原子力規制委員会の委員、０９年からは委員長を務めた。

●崩壊熱とは（２０１３年12月の情報を元に加筆）

ある物質が放射能を帯びているということは、その物質が放射線を出し続ける状態にあるということです。半減期によって放射能は減少してゆきますが、半減期の10倍、20倍の時間は、その影響を無視できません。**放射線のエネルギーは最終的に熱エネルギーになるので、その放射性物質の中に残ります。それが崩壊熱と呼ばれるものです。**

どれだけの期間冷やすかは、原子炉の中の核燃料の量と核分裂した程度によりますので、一概に何年間と言うことはできません。

●崩壊熱の後始末ができるのか

炉心の崩壊熱をグラフにしたもの（図6）があります。

縦と横軸が対数スケールで書いてあり、10年分ぐらいの変化を示しています。

巨大な原発であればあるほど、崩壊熱の始末が難しい。ヤツコさんが言うように、崩壊熱は冷えるのを待つしかありません。できるだけ水で冷やしたいんですけれど、水で冷やすと放射能汚染水となって、労働する方が被ばくせざるを得なくなります。冷やす際には、かならず人手がいるわけですから。ある被ばく量に達しますと、そのひとは仕事ができなくなりますので、別のひとを呼ばないといけない。そうやって、どんどん熟練したひとがいなくなる。こういう厄介な問題がありますので、**これから何十年と続く冷却作業のことを、国も東電も本当に考えているのか、きちんと考えることができないでいるんじゃないかと心配しています。**

いろんなことを考えますと、とても安倍首相が言ったように、放射能汚染水問題を「コントロールできている」わけではありません。これは極めて政治的な表現です。自分たちであまりよく判断しないで「そういうことは専門家に任せておこう」と思うひとたちに対しては、ある程度ごまかしはきくかもしれないですが。

図6／原発の崩壊熱の温度変化

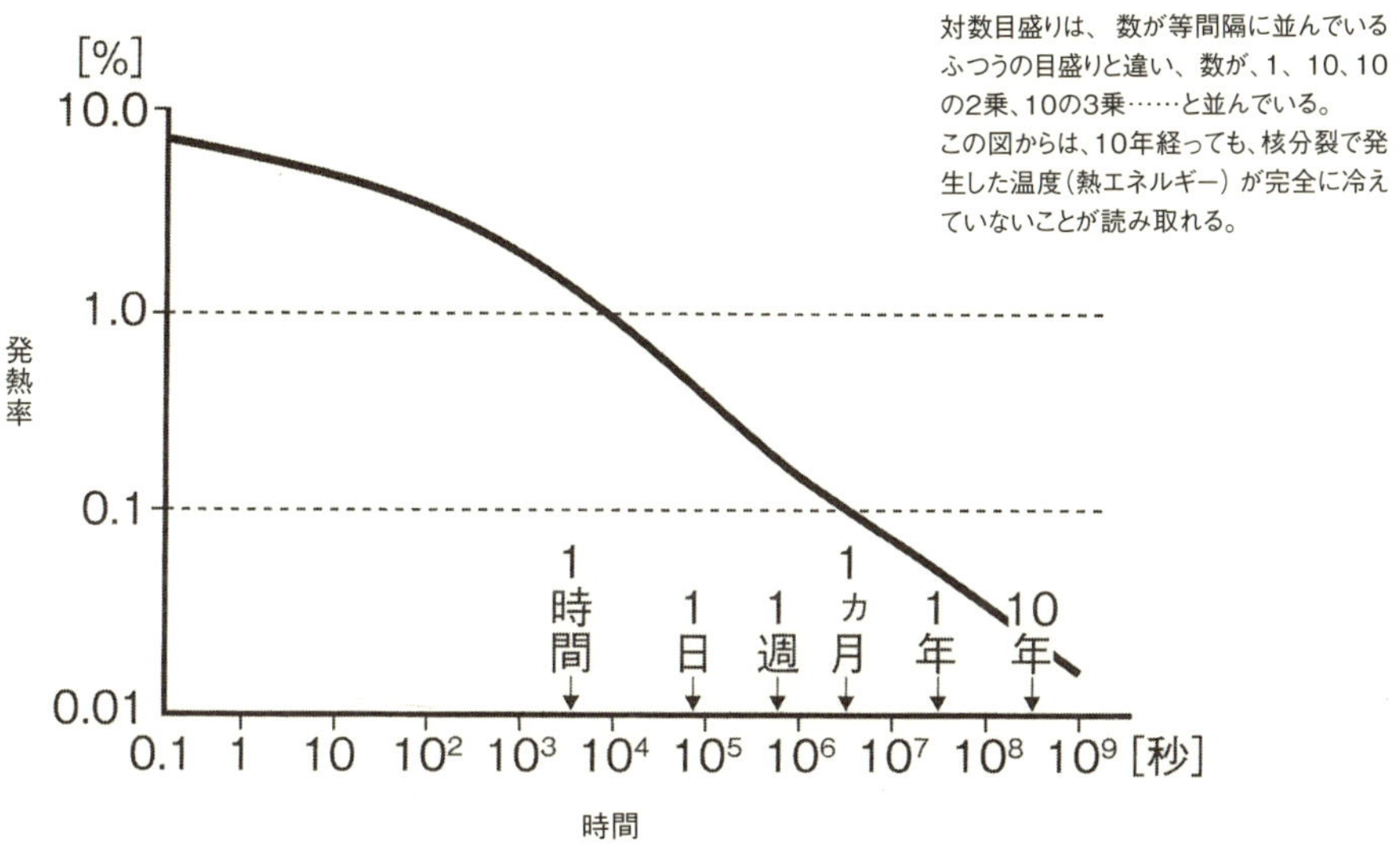

出典：山口幸夫さん著『ハンドブック原発事故と放射能』（岩波ジュニア新書）20ページの図1-4

ここでわたしたちは、いままで専門家に任せてきた原子力の問題というのが、いわば一人ひとりの問題になったということに気がつくと思うんですね。

なんと言っても、わたしたちは原子力を許してきてしまった。

●放出され続ける放射性物質

いま現在も、放射性物質は大気中に出ています。新聞があまり報道しなくなりましたけれど、実は東電がおりおり発表しています。

福島第一原発から大気中には、放射性物質がもうすっかり出てしまって、水ばっかりが心配だと思っているひともいるかもしれませんけれど、もちろん、そうではありません。

図7／福島第一原子力発電所1～3号機の大気への放射性物質放出量(ベクレル/時)

計測が開始された2011年3月15日と比べれば数値は下がっているが、いまも1時間あたり約1000万ベクレルの放射性物質が大気中に放出されていることがグラフから読み取れる。

＊4号機は事故当時、定期点検中で原子炉に燃料が入っておらず、ほかのものに比べて放射性物質放出量が低いとされているため、数値の発表がない。だからといって、もちろん数値が0ということではない。

＊「東電評価」とは、計測できていない放射性物質があることを加味して、東電が出しているおおよその放射性物質放出量の合計予測。当然ながら、すべての放射性物質を測りきれている訳ではないため、実際は「東電評価」よりも更に多くの放出があると考えられる。

＊数値はすべて東京電力が発表したもの。ほかに計測を許されている機関がないため、この数値でグラフをつくらざるをえない。

参照：「政府・東京電力中長期対策会議運営会議」及び「東京電力福島第一原子力発電所廃炉対策推進会議」事務局会議

＊ただし、排気口や建屋カバーの隙間からの漏洩分を評価したもので、地下水等への漏洩分を加味したものではない。

初出：「原子力資料情報室通信」474号(2013年12月号)11ページ図

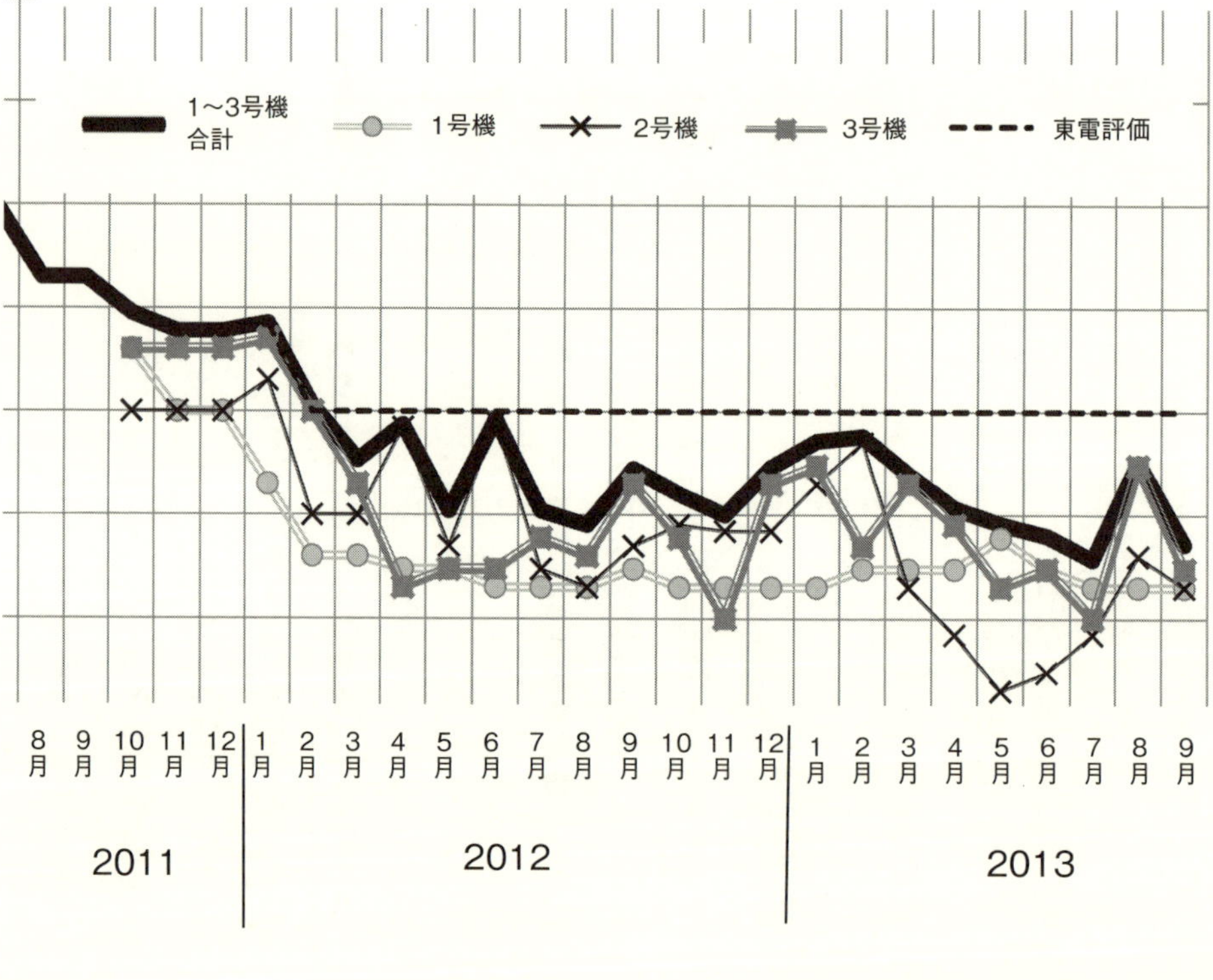

1～3号機全部合わせて、1時間あたり約1000万ベクレルの放射性物質が、いまも大気中に出ています（図7）。

放出されている放射性物質のなかに、ヨウ素131はもうないと思います。ただ、ヨウ素はたくさん同位体がありまして、その同位体のなかには長寿命のものがありますので、131そのものはありませんけれど、ヨウ素のほかの同位体は入っていると思います。

ですから、充分に注意したいのは、吸入ですね。福島に行きますと、場所によって、マスクをしてないひとがたくさんいます。マスクでどれくらい防げるのかという問題もありますけれど、そういう過ごし方で大丈夫な状況では、まだないと思うんです。いまからでも遅くはない、子どもたちはよそへ避難させたほうがいいと、わたしは思いますね。

正直なことを申し上げますと、すぐに役立つような、効果的な手はないです。

こういうことを、あまり大きな声で言いたくはないんですけれど、本当に手がないと思うんです。

起きてしまったことは、もう元には戻らない。「覆水盆にかえらず」という状況で、日本の環境、空気、土壌含めて、放射性物質が垂れ流しになってしまった感じ。亡くなった高木仁三郎（＊11）さんが、最後の遺言（資料3）に書いていた、そういう状況が現実になったという風に思うんですね。実に悲しい、残念なことです。

＊11　高木仁三郎さん……化学者、理学博士（1938〜2000）。日本原子力事業、東京大学原子核研究所、東京都立大学などを経て、1975年に原子力資料情報室の設立に参加。87年から98年まで代表を務めた。

資料3／高木仁三郎さんの遺言

友へ　高木仁三郎からの最後のメッセージ

皆さん、ほんとうに長いことありがとうございました。体制内のごく標準的な一科学者として一生を終っても何の不思議もない人間を、多くの方たちが暖かい手を差し伸べて鍛え直してくれました。それによって、とにかくも、「反原発の市民科学者」としての一生を貫徹することができました。

反原発に生きることは、苦しいこともありましたが、全国・全世界に真摯に生きる人々と共にあることと、歴史の大道に沿って歩んでいることの確信からくる喜びは、小さな困難などをはるかに超えるものとして、いつも私を前に向かって進めてくれました。

幸いにして私は「ライフ・ライブリフッド賞」をはじめ、いくつかの賞にめぐまれることになりましたが、それらは繰り返し言って来たように、多くの志を共にする人たちと分かち合うべきものとしての受賞でした。

残念ながら、原子力最後の日は見ることができず、私の方が先に逝かねばならなくなりましたが、せめて「プルトニウム最後の日」くらいは、目にしたかったです。でも、それはもう時間の問題でしょう。すでにあらゆる事実が、私たちの主張が正しかったことを示しています。なお、楽観できないのは、この末期症状の中で、巨大な事故や不正が原子力の世界を襲う危険でしょう。ＪＣＯ事故からロシア原潜事故までのこの一年間を考えるとき、原子力時代の末期症状による大事故の危険と結局は放射性廃棄物がたれ流しになっていくのではないかということに対する危惧の念は、今、先に逝ってしまう人間の心を最も悩ますものです。

後に残る人々が、歴史を見通す透徹した知力と、大胆に現実に立ち向かう活発な行動力をもって、一刻も早く原子力の時代にピリオドをつけ、その懸命な終局に英知を結集されることを願ってやみません。私はどこかで、必ず、その皆さまの活動を見守っていることでしょう。

いつまでも皆さんとともに

高木仁三郎

出典：高木仁三郎さん著『原発事故はなぜくりかえすのか』（岩波新書）182〜183ページ。すべて表記ママで引用。

第3章　いま一度、原子力を否定するために

●おさらい：放射能と放射性物質

これまでの話のなかにもごく当たり前に出てきましたが、いま一度、放射線と放射能の区別、放射能と放射性物質の関係について、きちんと申し上げたいと思います。

放射能とは、「ある種の原子が自然に壊れる性質、もしくは現象」のこと、あるいは「放射線を出す能力」と言ってもよいかと思います。

「放射能を帯びた物質」を、放射性物質と呼びます。これが厳密な言い方なんですけれど、注意したいのは、略して単に放射能と言うこともある点です。放射能というのは、性質あるいは現象なんです。放射能をもっている物質が、放射性物質。

先ほど出てきた水素の$^{1}_{1}H$（11ページ、図3参照）を除き、原子は原子核が陽子と中性子でできていますけれど、この陽子と中性子の結びつきが、ときに不安定です。原子が大きくなるほど不安定になる傾向があり、エネルギーを放出して、より安定した状態になろうとします。そこで出すエネルギーが、放射線です。

ちなみに科学の歴史を見ると、フランスのマリー・キュリー（1867〜1934）という

方が放射性元素であるポロニウムとラジウムを見つけて、ノーベル賞をおくられています。どうして陽子と中性子がくっついて、ちゃんと原子核をつくっているのかという秘密を解き明かしたのは、日本人でした。ノーベル賞をおくられた、湯川秀樹（１９０７〜１９８１）さんです。

●おさらい：ベクレル

物質中の放射能の強さを測る単位を、ベクレルと言いますね。これもフランス人の名前（＊12）です。

１ベクレルというのはどういう量か。これをきちっと頭に入れてください。原子は小さいですから、頭のなかに、たくさんの原子を思い浮かべていただきたいのです。２個や10個や１００個や１０００個を思い浮かべるくらいでは足りません。10の23乗個という、ものすごくたくさんある原子のなかで、１秒間に１回だけ、どれか知らないけれど、ひとつ原子が壊れる。これが１ベクレルなんです。ですから、**見方によっては１ベクレルなんてたいしたことないという意見もあります。でも、そのときに放射線が出されるわけで、それが体内で起きる場合（体内被ばく）は、まわりの細胞を傷つける可能性がある。**

それに、ひとつ原子が壊れると、そのときに放射線を１本だけ出すとは限りません。よく「１本出てくる」と言いますけれど、例えばセシウム１３７は、３本出すんですね。放射線のもっているエネルギーが、わたしたちのからだをつくっている原子や分子の結びつきのエネルギーより、何十万倍、何百万倍か強いので、わたしたちのからだの構成分子を切断してしまう可能性があるんですね。だから1ベクレルというのは、無視できない放射能の量だと思います。

＊12　ベクレル……放射能の研究でノーベル賞をおくられた、フランスの物理学者アントワーヌ・アンリ・ベクレル（1852～1908）の名前にちなんでいる。前述のマリー・キュリー、ベクレル、後述のシーベルト（＊14）については、『「子どもから大人まで、原発と放射能を考える」副読本　原発に反対しながら研究をつづける小出裕章さんのおはなし』（小出裕章／監修、野村保子／著、クレヨンハウス／刊）、57ページにも詳しい。

●セシウムの壊変

セシウム137の壊変図式（図8）というものがあります。

壊変というのは「原子が壊れて別のものになる」、崩壊ということです。セシウム137ですが、これは半減期が30・1年です。つまり、約30年で別の物質になるんですけれど、そのなり方がふたつあります。

原子を1000個なんて単位で考えたりはしませんが、仮に1000個としますと、そのうちの944個は、わりとちいさいエネルギーのベータ線を出して、バリウム137mという状態に変わります。これでもまだ不安定です。エレクトロンボルト（＊13）というエネルギーの単位があるのですが、バリウム137mは、ガンマ線（661・7キロエレクトロンボルト）を出して、バリウム137という、今度は安定した状態になります。1000個あったとしたら、そのうち944個は、このように2段階で壊変します。1000個のうちの56個は、もう

図8／セシウムの壊変図式

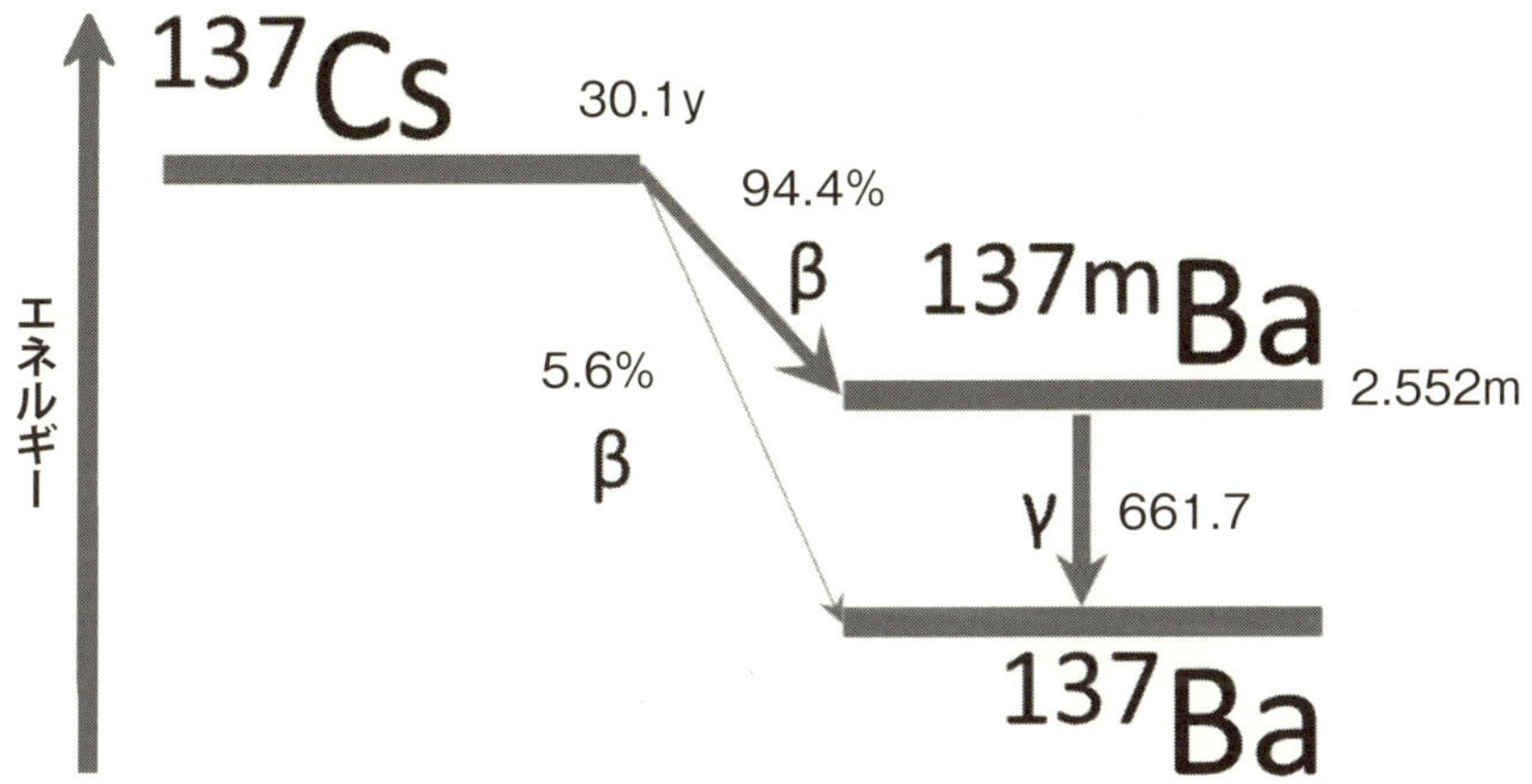

提供：原子力資料情報室
初出：山口幸夫さん著『ハンドブック原発事故と放射能』（岩波ジュニア新書）58ページの図2-3（一部改変）

少し大きなエネルギーのベータ線を出して、一気にバリウム１３７になってしまいます。ですから、10の23乗個くらいもあるセシウム１３７が、２種類の大きさのベータ線と、１種類のガンマ線を出すわけです。

わたしたち原子力資料情報室も、性能のよい放射能測定器を購入し、それを使って測っています。ガンマ線を測っていますので、６６１・７キロエレクトロンボルトという値のピークが出ると、壊変によってガンマ線が出たと判断するわけです。

＊13　エレクトロンボルト……別名、電子ボルト。素粒子、原子、分子などがもつエネルギーの単位。1エレクトロンボルトは、1個の電子が真空中、1ボルトの電圧で加速されるときに得るエネルギー。

●おさらい：シーベルト

それから、シーベルト（＊14）は、放射線がひとに与える影響の大きさを表す単位です。これが非常にややこしいです。

わたしたちがよく知っている例では、1999年9月、東海村のJCO臨界事故（＊15）というのがありました。日本の医療分野の最善の治療をしても、ふたり、お亡くなりになりました。そのおひとりの治療状況というのは、NHKが取材して映像になっています。本も出ています。大内久（＊16）さんという方です。おふたりの浴びた放射線の量が10シーベルト〜10数シーベルト。20シーベルトまではいかなかったと言われています。

いま新聞にも、ベクレルという単位とシーベルトという単位が出てきます。シーベルトの1000分の1がミリシーベルト。ミリシーベルトのまた1000分の1がマイクロシーベルトです。1ベクレルの放射性物質の強さ、つまり放射能が何シーベルトにあたるかというのは、簡単な話ではないんですね。別に計算するんです（資料4）。

ベクレルからシーベルトへの換算は、あくまでも目安です。ある食品が1キログラムあたり、何ベクレルか汚染されてしまったとして、その食品を何キログラム食べたかで、何ベクレル取り込んだか計算できます。それに0・01をかけて、さらに線量係数というのをかけますと、被ばく線量というものが出てくることになっています。線量係数というのは、ヨウ素131やセシウム137だと1・4、セシウム134だと2・0。この数値は、かなりどんぶり勘定だと

資料4／ベクレルからシーベルトへの換算

ベクレルからシーベルトへの換算
（あくまでも目安）

・食品の汚染度（ベクレル/kg）×食品摂取量（kg）＝体内取り込み量（ベクレル）

・体内取り込み量（ベクレル）×0.01×線量係数＝被ばく線量（マイクロシーベルト）

・線量係数　ヨウ素131・・・1.4
セシウム137・・・1.4
セシウム134・・・2.0

提供：原子力資料情報室

思いますので、くり返しますがあくまでも目安です。

＊14　シーベルト……放射線測定機器の開発やスウェーデンでの放射線防護法の制定などに大きな役割を果たした、スウェーデンの物理学者ロルフ・シーベルト（1896～1966）の名前にちなんでいる。

＊15　東海村のJCO臨界事故……1999年9月30日、茨城県東海村の株式会社JCOが起こした臨界事故。低濃縮ウランを入れるべき容器に高濃縮ウランを入れたため、核分裂反応が起きた。その後も20時間に渡って臨界状態が続いたことにより、元々作業に当たっていたひと、事故の救助に入ったひと、臨界を止める作業に入ったひと、そして付近の住民という非常に多くのひとびとが被ばくした。

＊16　大内久さん……JCO作業員（1964～1999／12／21）。臨界事故当日、核分裂の起きた沈殿槽で作業をしていたため、この事故最大の推定18シーベルトを被ばく。治療が続けられていたが、事故から83日後に亡くなった。治療の経緯は『朽ちていった命　被曝治療83日間の記録』（NHK「東海村臨界事故」取材班／著、新潮文庫）に詳しい。

●福島第一原発の危うさは、海外からも指摘されている

わたしが非常に印象的だった国際会議がありました。日本で行われた「国際プルトニウム会議」（1991）です。

そのとき、アリス・スチュワート博士（1906〜2002）が、「低線量被ばくとか、低レベルの放射線ということばがあるけれども、わたしは賛成しない。ピンポイント放射線と呼びたい」という講演をなさった。低レベルであっても、放射線が的にあたると、人体は針で刺されたように影響を受けるというのです。的というのは、細胞の中の核のことです。スチュワート博士は、非常に有名な方でした。イギリス人で、それまで妊婦や胎児を含めて、エックス線で健康診断をしていた。その結果、生まれる子どもに障がいが出るのだということを、スチュワート博士が疫学的に明らかになさって、妊婦へのエックス線検査が止められた。そういう大きな功績のある方です。

ご存じだと思いますが、関東より関西のほうが、自然放射線が少し高いです。関西で1・4ミリシーベルト／年。関東では1・2ミリシーベルト／年です。これは、土壌の岩石の違いによって生ずると言われています。関西でも、例えば岐阜県はとくに高いですが、県や場所によって差があり、平均すると1・4ミリシーベルトくらいです。ですから、わたしたちは、年1・2〜1・4ミリシーベルトを避けるわけにはいかない。しょうがないと思われている放射線量

です。

これに対して、人工の放射線であるエックス線を浴びると、ピンポイントでも危ない。それを避けなさいというのがスチュワート博士のお話で、わたしは非常にびっくりしたことを覚えています。

3・11後、3月20日にドイツの「放射線防護協会」、放射線に対して世界で最も厳しく慎重なところなのですが、そこが出した日本向けの提言があります。「セシウム137について、乳児、子ども、青少年に対しては、1キログラム当たり4ベクレル以下にとどめなさい。成人は8ベクレル以下を推奨する」という内容です。ドイツは、チェルノブイリ事故（1986）のとき、1200キロも遠く離れていたのに、環境も食べものも飲みものも汚染されました。その経験がある。そのあと、**メルケル首相が「原発はやめる」ということを宣言した（2011年6月30日）。とても鋭い考え方をする国だと思います。**

●日本国内の「信じられない」被ばく限度

2歳の子をもつ若い小児科医を知っています。高校時代から『技術と人間』（技術と人間／刊）という雑誌を読んでいたような男で、大学に入ると「大学の医学部の放射線・放射能教育は、まったくなっていない」と批判をしていました。その小児科医がメールを送ってきて、「こんなのが出てるけどいいのか」って。「えー？・」とびっくりしたのですが。

「日本産科婦人科学会」は3月24日にA4の1枚半の「ご案内」というものを出しました（＊17）。それには「おなかの中のあかちゃん、胎児に悪影響が出るのは、あかちゃんの被ばく量50ミリシーベルト以上の場合と考えられています」という内容が書いてあります。「母体の総被ばく量は、摂取ベクレル×0・022。例えば、1キログラム当たり500ベクレル汚染されている水を1日1リットルずつ飲むと、500×365日×0・022＝4015マイクロシーベルトになる。約4ミリシーベルトになる。あかちゃんは50ミリシーベルトまで大丈夫なので、心配ありません」と、こういう「ご案内」です。たいへんびっくりしました。わたしたちはそういう国に住んでいるのです。

わたしが強い印象をもっているのは、浜岡原発の下請け労働をしていた、嶋橋伸之《しまはしのぶゆき》さん（1962〜91）という、当時29歳の青年が、慢性骨髄性白血病で亡くなった事件（資料5）です。嶋橋さんは、10年間で50・93ミリシーベルトの放射線を浴びました。嶋橋さんのおかあさんが、子どもを失ったことでたいへん悲しみ、このまま中部電力の慰礼金で済ますことはできないと、反対派のひとのところへ訴えに行って、そこから急速に日本の中で運動が起こり、労災認定が下りることとなりました。

毎年の被ばくの記録を、グラフにしたものがあります。グラフの元データは、嶋橋さんのおかあさんに依頼されて、原子力資料情報室で保管しています。そのデータをグラフにしますと、被ばく線量はほぼ直線的に伸びていきます。10年間かけて51ミリシーベルト弱を浴びて、慢性

資料5／原発労働者・嶋橋伸之さんの場合

嶋橋伸之さん、29歳と1ヶ月の死。10年間で50.93ミリシーベルトの被ばく。
1989年9月ころ慢性骨髄性白血病発病、1991年10月死亡。
1993年5月、労災認定要求、半年で40万人の署名、1年2ヶ月後労災認定。

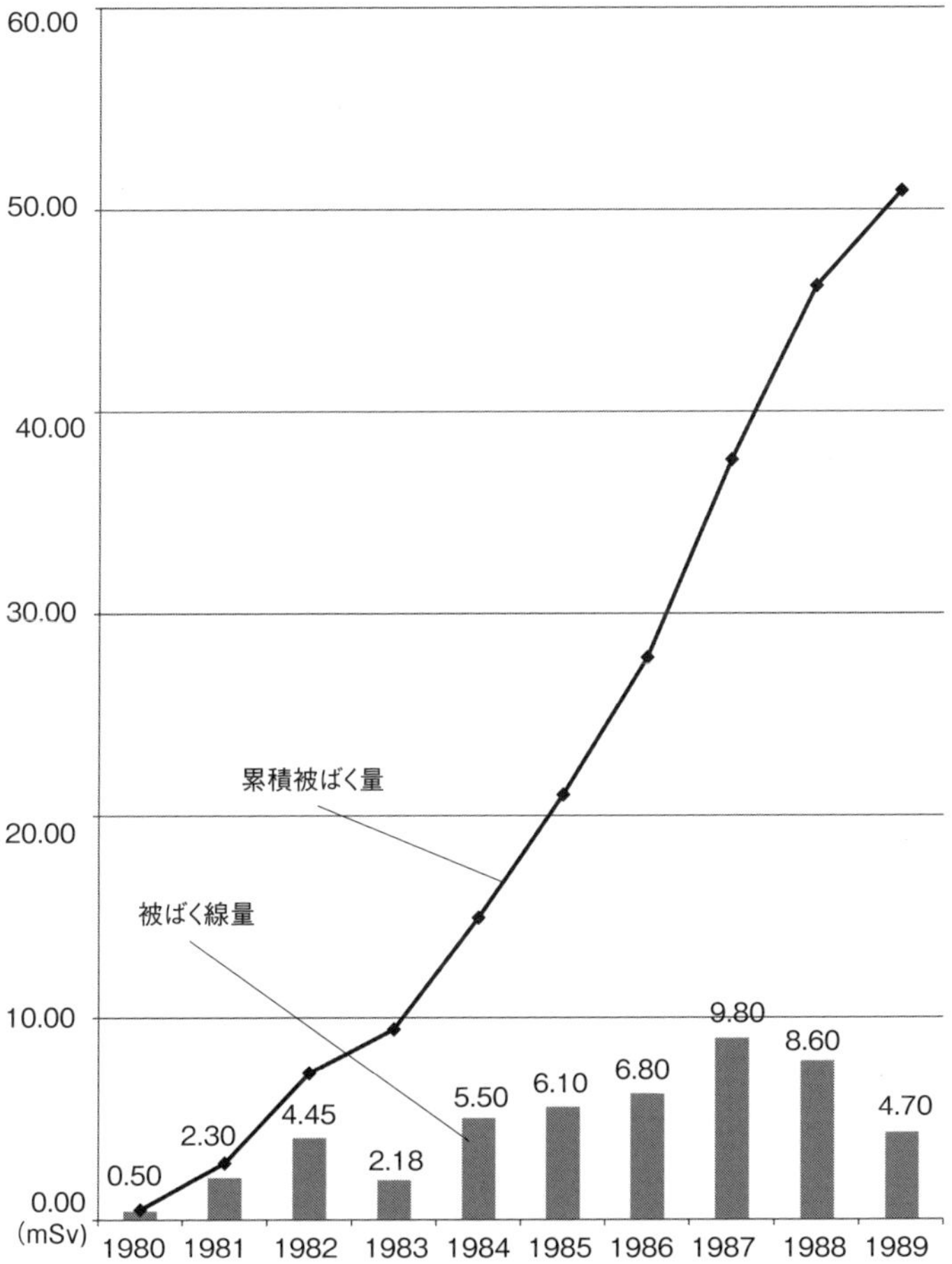

参照：山口幸夫さん著『ハンドブック原発事故と放射能』（岩波ジュニア新書）119ページの図3-4
（岩波ブックレット390『知られざる原発被曝労働』藤田祐幸／著より山口さんが作成）

骨髄性白血病になってしまった。平均して、年間5ミリシーベルトです。厚生労働省は、プライバシーに関わると言って、データをなかなか公表しませんけれど、こうした関係がわかっているということを、ここで言っておきたいと思います。

日本では、これまで12人が労災認定されました。**いちばん被ばくが少ないひとで、1986~88年の間、原発で配線修理をトータルで3ヶ月していました。5・2ミリシーベルトの被ばくです。この数値を頭の隅に入れておいてほしいんですけれど、つまり5ミリシーベルトという値は、労災認定されても不思議じゃない線量なのです。**この方は、2009年の健康診断で、つまり被ばくから20年くらい経って、慢性骨髄性白血病と診断され、その1年半後に労災認定されました。そこまで時間が経たないと、わからないんですね。

IAEA(International Atomic Energy Agency/国際原子力機関)が日本にやって来て、「年20ミリシーベルトまでなら住んでもいい」とか、いろいろ言っていますけれど、こういう過去の例をわたしたちは覚えておく必要があると思います。

*17 「日本産科婦人科学会」の「ご案内」……「水道水について心配しておられる妊娠・授乳中女性へのご案内」は、以下のアドレスからインターネット上で読むことできる。 http://www.jsog.or.jp/news/pdf/announce_20110324.pdf

● 内部被ばくの計り知れない影響

関西に、小田実(*18)さんという作家がおいででした。わたしは2度ほど、ベトナムにご一緒したことがあります。その小田さんは亡くなられる年、食べることが急にできなくなって、あっという間に亡くなったんですね。診断は胃がんでした。小田さんが「人生の同行者」と呼んでおられた、おつれあいの玄順恵《ヒョンスンヒェ》さんからじかに伺ったのですが、小田さんはビキニの核実験場に何度も取材に行ったし、セミパラチンスクの核実験場の跡（＊19）にも行った。とくにセミパラチンスクに行ったとき、携帯していた放射線測定器の針がしょっちゅう、ぴっと跳ね上がったそうです。そういうことが急な死に影響しているかと、玄さんから訊かれました。

わたしは、外部被ばくもたしかにひどかったと思いますけれど、内部被ばくがもっと問題だったのではないかと思うんですね。ジープに乗って、砂塵をもうもうと巻き上げながら取材して回った。それが放射能汚染地のど真ん中ですから、汚染された空気やほこりをたっぷり吸い込んだに違いない。

これは、小田さんのがんと急な死のわたしの解釈です。お医者さんが何と言っているかはわかりませんし、小田さんが亡くなったあとに臓器解剖はしませんでしたから、実際のところはわからないんですけれど。**ある年齢になりますと、がんの細胞と正常な細胞が拮抗していると言いますね。がんだけではなくて、いろんな病がいつ発症するかわからない状態だと。大量の放射性物質を取り込んで内部被ばくをしていたとしますと、そのバランスが崩れるに違いないと、わたしは考えているんです。**ひょっとすると、小田さんがあんなに急激に、あっという間に亡くなったのは、そのバランスが崩れてしまったのかもしれないと。本当のところはわかりませんけれど。

外部被ばくは、ガンマ線を心配すればいいと思います。アルファ線やベータ線は、わたしたちが外から浴びても、ほとんど体内に入ってこない。

取り込んで困るのは、アルファ線を出す物質、例えばプルトニウムです。それから、ベータ線を出すストロンチウム、トリチウム。アルファ線は、40ミクロンくらいの近さからエネルギーを出して、細胞を傷つけます。ベータ線は、1ミリから10ミリメートルくらい離れたところからですが、局所を攻撃する。

体外から、アルファ線やベータ線を出す放射性物質を調べることは、簡単にはできないんですね。ホールボディーカウンターというのは外から測ります。ガンマ線はある程度、体外に出てきますのでそれなりにわかりますが、アルファ線、ベータ線を出す放射性物質を調べることはできません。

＊18 小田実さん……作家（１９３２〜２００７）。19歳でデビューし、『ＨＩＲＯＳＨＩＭＡ』『アボジを踏む』など多数の作品を発表した。１９６５年に「ベトナムに平和を！市民連合」の代表になる。「九条の会」呼びかけ人のひとりでもある。
＊19 セミパラチンスク……カザフスタンにあった、旧ソ連の核実験場。核実験そのものは現在行われていないが、残留している放射性物質により、身体的な障がいのある子どもの誕生や、それが原因と思われる村人の病死が、いまなお続いている。

● 原発は、自然界にない放射性物質を生み出す装置（資料６）

自然界にない放射性物質をまったく環境に出さない条件では、原発は運転されていません。

事故がなくても放射性物質は外に洩れています。そういうことを、わたしたちは許してきたのです。今回の福島第一原発の事故ではもう、大量に環境に出て、手におえない状況になっているわけです。

原発、原子力施設から気体状で出てくる放射性物質は、大気中に、平常運転時でも出てきます。大気中に出てきた放射性物質は、河川水に入ったり、あるいはひとが吸入したり、もしくは大地に沈着、堆積したものを、いろんな経路でわたしたちは体内に取り入れてしまいます。または、大気にある放射性物質からの放射線を直接、外部から浴びてしまう。

液体状に出た放射性物質はどうなる

資料6／原子炉内の主な放射能（100万kWの原発を1年間運転した場合）

放射能の種類	半減期	炉心に含まれる量 （1000兆ベクレル）	摂取限度の何倍か
クリプトン85	10.8年	22	—
ストロンチウム90	28.8年	190	68兆倍
ヨウ素131	8.0日	3100	155兆倍
キセノン133	5.2日	6300	—
セシウム137	30.1年	210	2.9兆倍
プルトニウム238	87.7年	3.7	710兆倍
プルトニウム239	24,110年	0.37	84兆倍
アメリシウム241	432.2年	0.063	14兆倍
コバルト60	5.3年	11	0.46兆倍
その他を含めた合計		270,000	約3200兆倍

提供：原子力資料情報室

初出：山口幸夫さん著『ハンドブック原発事故と放射能』（岩波ジュニア新書）30ページの表1-2（一部改変）

か。海の水、あるいは川の水を汚して、水産物など、いろんな経路でわたしたちは放射能を、体内に取り入れてしまいます。

おそらくこういう状況を、建前としては、日本の住民、市民は承知の上で、原子力発電所を引き受けてきたということになります。今回、国がいろんなお金を出して、事故処理をしようとしている。その資金はわたしたちの税金からでていて、そんなふうにわたしたちのお金を使ってもらいたくないという気持ちは、当然あるわけですけれど、でもわたしたちの大半は、これまでの国の原発設立を認めてきたことになります。そういう意味では、**直接事故を起こしたのは東電で、監督していた国には責任がありますけれど、日本の住民、市民にも責任はあると思います。**注意深いひとはふだんからよく勉強していたわけですね。いざとなったらどうしようって。その用意がなかったひとは、かなりそのひとの責任が生じている、と言うと、厳しすぎるでしょうか。

●おさらい：被ばく限度

被ばく限度は、昔は許容量という言い方をしていました。「国際放射線防護委員会」(International Commission on Radiological Protection／略称ＩＣＲＰ）というＮＰＯがあります。原子力を進めたい国際的なグループなんですね、ＩＣＲＰというのは。これは１９５０年に発足しました。

4年後の1954年に、そこが最初の勧告をしました。エックス線を使う職業のひとたちは、日常的に被ばくします。エックス線検査をしたら、患者であるわたしたちはもちろん、被ばくします。医師やエックス線技師などの職業人は、年に150ミリシーベルトまで、一般人はその10分の1の15ミリシーベルトまで、と勧告をだしました。

ところが、それでは大きすぎるということに気がついて、その4年後の1958年に、「職業人は年に50ミリシーベルトまで、一般人は年に5ミリシーベルトまで」となりました。更に1987年になって、「一般のひとは年間1ミリシーベルトまで」と。これがいまでも国際的に生きている勧告なんですね。

1990年になりますと、「職業人は5年間で100ミリシーベルトまで。ただし、ある1年間に最大50ミリシーベルトまで」という条件をつけています。

最近は、もう福島の状況が手に負えませんので、この被ばく限度だと、あそこで作業するひとがいなくなってしまう。作業できるひとがどんどん減っていきますので、被ばく限度を緩めて、「年間100ミリシーベルトまでいいんじゃないか」、「緊急事態だからそうしよう」と。**この被ばく限度は、もともと原子力を進めようというひとたちの提案ですので、原子力に批判的なひとたちは大きすぎると思っています。**また、「国際原子力機関」は一般のひとに対しても、「もう1ミリシーベルトにこだわることはないんだ」、「緊急事態だから仕方ない」というようなことを言い出しました（資料7）。

7−1：一般の追加被ばく線量（mSv/年）

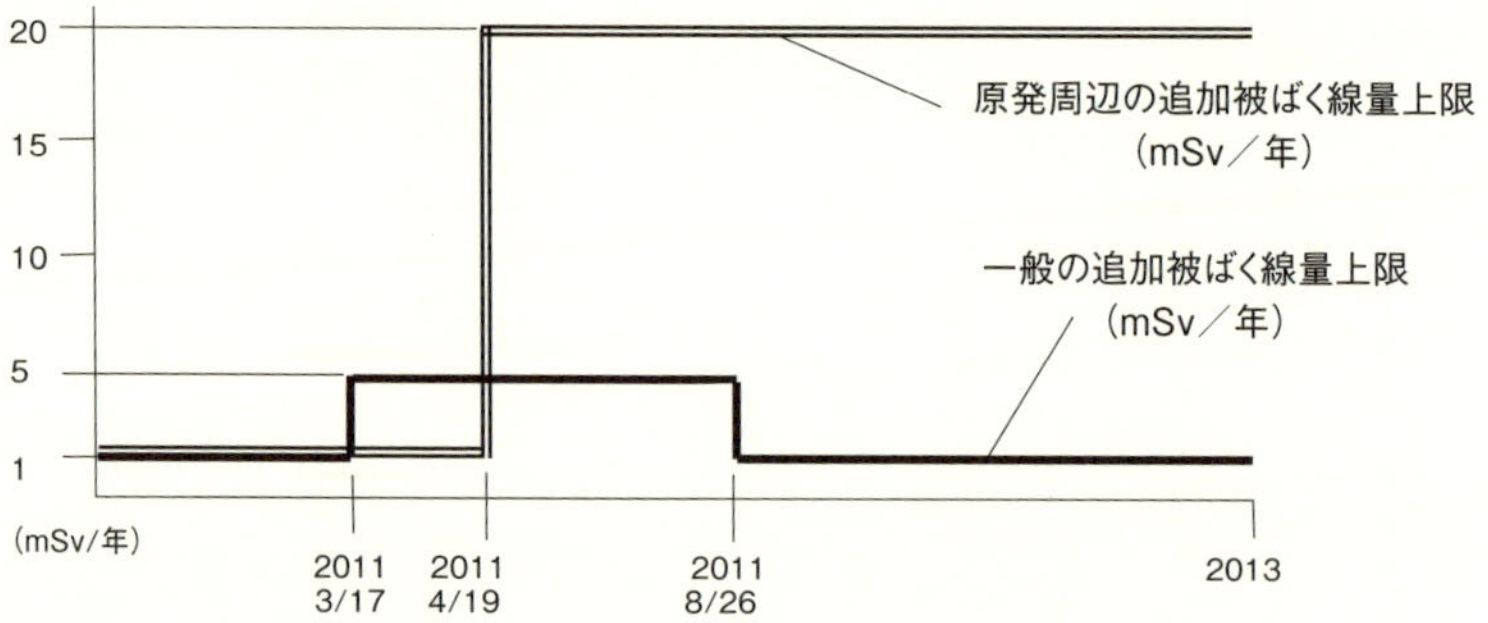

日付	追加被ばく線量上限 一般	原発周辺	内容
2011 03/11 以前	1	1	「放射線を放出する同位元素の数量等を定める件 (平成17年6月1日文部科学省告示第74号)」 第10条第2項(1)使用施設の技術的基準として、敷地境界線で3ケ月間250マイクロシーベルト（年間1ミリシーベルト）を超えないように、必要な遮蔽壁その他の遮蔽物を設けることとする規制
2011 03/17	5		厚生労働省医薬食品局 「放射能汚染された食品の取り扱いについて」 原子力安全委員会の「飲食物摂取制限に関する指標について」（平成10年3月6日） で年間5ミリシーベルトになるよう計算された基準値に基づき、暫定基準値を策定
2011 04/19		20	23文科ス第134号「福島県内の学校の校舎・校庭等の利用判断における暫定的考え方について」 「非常事態収束後の参考レベルの1−20mSv/年を学校の校舎・校庭等の利用判断における暫定的な目安とし, 今後できる限り, 児童生徒等の受ける線量を減らしていくことが適切であると考えられる」
2011 08/26	1	20	「除染に関する緊急実施基本方針」 「① 推定年間被ばく線量が20ミリシーベルトを超えている地域を中心に、国が直接的に除染を推進することで、推定年間被ばく線量が20ミリシーベルトを下回ることを目指します。 ② 推定年間被ばく線量が20ミリシーベルトを下回っている地域においても、市町村、住民の協力を得つつ、効果的な除染を実施し、推定年間被ばく線量が1ミリシーベルトに近づくことを目指します。」

7−2：放射線業務従事者の追加被ばく線量（mSv/年）

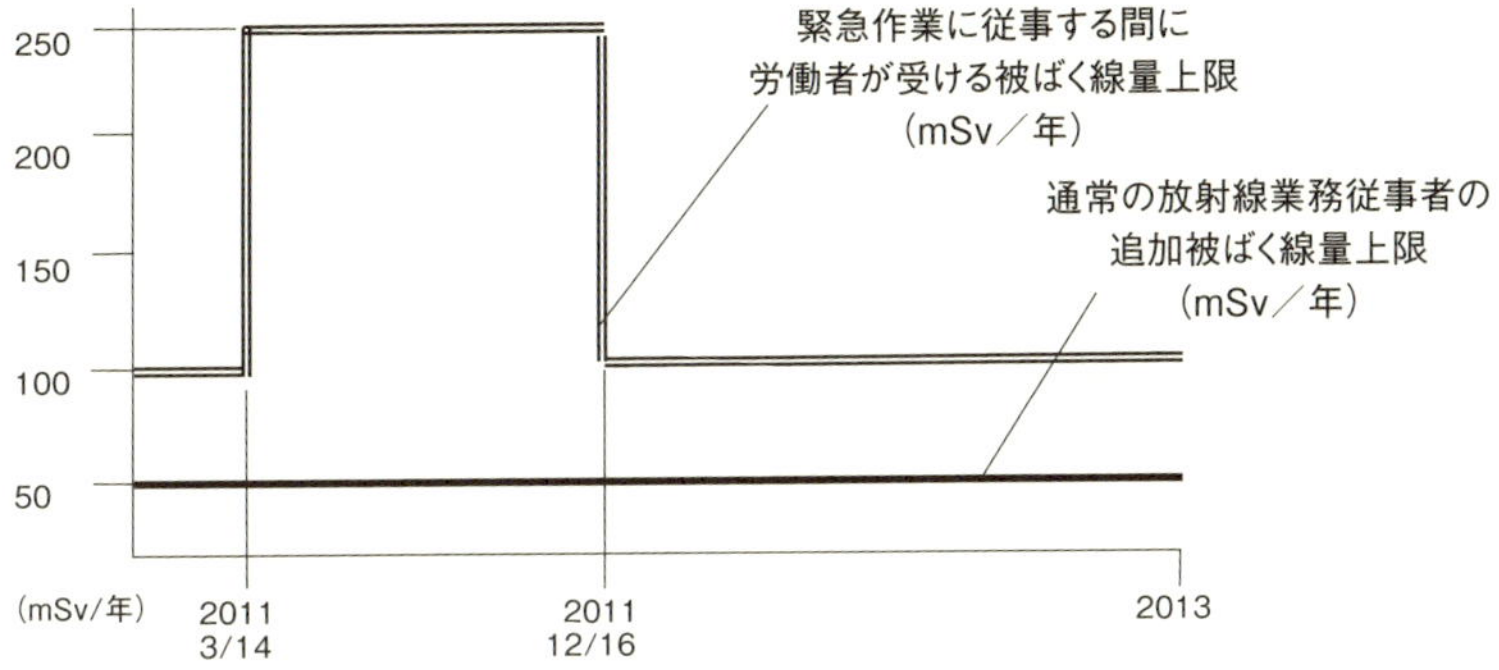

日付	追加被ばく線量上限 通常	緊急時	内容
2011 03/11 以前	50		「電離放射線障害防止規則」第4条 5年で100ミリシーベルト、かつ1年で50ミリシーベルトまでに
		100	「電離放射線障害防止規則」第7条 緊急作業に従事する間に労働者が受ける放射線量は、「実効線量については、百ミリシーベルト」を超えないように
2011 03/14		250	「平成二十三年東北地方太平洋沖地震に起因して生じた事態に対応するための電離放射線障害防止規則の特例に関する省令」 「平成二十三年東北地方太平洋沖地震に起因して原子力災害対策特別措置法（平成十一年法律第百五十六号）第十五条第二項の原子力緊急事態宣言がなされた日から同条第四項の原子力緊急事態解除宣言がなされた日までの間の同法第十七条第八項に規定する緊急事態応急対策実施区域において、特にやむを得ない緊急の場合で厚生労働大臣が定める場合は、電離放射線障害防止規則（昭和四十七年労働省令第四十一号）第七条第二項の規定の適用については、同項第一号中『百ミリシーベルト』とあるのは、『二百五十ミリシーベルト』とする」
2011 12/16		100	「平成二十三年東北地方太平洋沖地震に起因して生じた事態に対応するための電離放射線障害防止規則の特例に関する省令を廃止する等の省令」

提供：原子力資料情報室

一般のひとには、年間1ミリシーベルトでも大きいと思っているひとはたくさんいて、わたしもそのひとりなのですが。つまり、それほど被ばく限度を緩めないと、福島には住めない。住み続けようと考えるなら、もう被ばくするのはやむをえない、諦めてくださいという、それが原子力を進めるひとたちの理屈で、そういうことを言い出す。そして、新聞はそれを書く。そう考えてきますと、東日本には住まないほうがいい場所がたくさんあるのが現状です。

●国の基準はあてになるのか

福島の現状は、チェルノブイリと比べて、非常に緩い基準になっています（資料8）。

年間5ミリシーベルトを超えるような地域は、チェルノブイリでは移住の義務があります。日本では、居住可能にしてあります。1ミリシー

資料8／福島とチェルノブイリの避難基準

放射線量（mSv/年）	福島の区分	チェルノブイリの区分
50超	帰還困難	移住の義務
20超〜50以下	居住制限	（同上）
20以下	避難指示解除準備	（同上）
5超	（居住可能）	（同上）
1超〜5以下	（同上）	移住の権利
0.5〜1以下	（同上）	放射能管理

（注）①チェルノブイリでは、5mSv/年超の場所は原則的に立ち入り禁止。
②放射線管理区域は5.2mSv/年、0.6μSv/時。

提供：原子力資料情報室

ベルトを超えて、5ミリシーベルト以下のところでは、チェルノブイリでは移住の権利があります。日本では、その移住の権利はありません。すなわち居住可能であると。

お医者さんに行っても、歯医者さんに行っても、レントゲン装置、エックス線装置があるところは、放射線管理区域になっています。放射線管理区域とは、年間5・2ミリシーベルト以上の場所をいいます。これを1時間当たりにしますと、0・6マイクロシーベルト以上です。そこは、一般のひとは入ってはいけない。仕事をしているひとは注意深く入るけれど、そこで飲食してはいけない。未成年は、そもそもそういうところに入ってはいけない。医院や歯科へ行ってエックス線撮影に応ずるときは、鉛のカバーをされますよね。歯科医はすぐそばで撮影をしますけれど、医師は部屋の外にいることが多い。患者はかならず被ばくします。

いま福島県に行ったら、こういう線量の場所はたくさんあります。ですから、日本は一体どうなるんだろうかと思います。

●空間線量の測定の難しさ

そうは言いつつも、**1時間あたり何マイクロシーベルトという空間線量は、かなりあいまいなんです。**わたしが40年食べている有機農法・無農薬野菜をつくっている農家の方たちは、地上に放射線簡易測定器を置いてガンマ線を測る。それから地上から1メートルの所でも測って、その結果を毎回、野菜と一緒に送ってくれます。

地上には、放射性物質が降り積もっている。降り積もるというのは大げさな表現かもしれませんが。そこからガンマ線が出ています。そのガンマ線の線量を、地上と1メートル上で測りますと、1メートルのほうが低いのが筋ですけれど、場合によっては高いことがあるんですね。その差がずっと気になっていて、先日、現地の畑に行ってきました。**野菜畑のまわりに林がある、あるいは森があったりしますと、そこに放射性物質が溜まっていて、その方向から風が吹いてくると、空気中に放射性物質が浮遊して、地上より1メートル上のほうが高いということがあるのではないかと思います。**

あるいは、**測定値というのは測定器によるばらつきがあります。**そのため、なにかを議論するときに困ると、常々思っていました。2013年8月のはじめに、福島市に3日ほど行っていたんですけれど、3日目に福島市内から浪江町の請戸まで往復して、5人のメンバーが測定器を持って測ってきたんですね。その値がたいへんばらついていて、整理するのに困って、さあどうしたもんかと思っていました。新聞報道で、「ここの地域はいま何マイクロシーベルト毎時」という値が出てますね。あの値は、どのくらい信用できるだろうかと思うのです。

新潟県の柏崎刈羽原発に反対しているひとたちが、次代の活動家を養成する講座をやっていまして、いまは3年目の第3期です。その講座で9月14日から15日にかけて、「福島現地ツアー」というのをやりました。参加者は全員で19人でした。1台のマイクロバスに乗って、全員が同じ機種の放射線測定器を持ちました。同一時刻に同じ場所で、バスの座席に座ったままですが、測定してもらうようにしました。バスの通ったルートは、片側は山、森になっているところが多いんです。その測定データ（資料9）がありますが、これがまた整理がたいへんだなって思っているところです。

マイクロシーベルト毎時で見ますと、平均値が0・75とか、0・72マイクロシーベルト毎時。もう放射線管理区域です。こういうところが非常にたくさんあるのですが、そこで19人が測ったデータを見ますと、5番、11番、14番それぞれの測定器で測られた値が大きい。バスの座席位置で見ますと5番、11番、14番は、進行方向左側。多くは山側、森になっているんです。

5番に乗っていたひとの持っている測定器ですと、平均値は0・75マイクロシーベルトです。しかも平均との差は0・6マイクロシーベルトもあります。幅が倍近くあるわけです。ですから、わたしたちは、発表される空間放射線量の数値には、非常に注意しなければならない。**いつでも倍ぐらいの誤差があると思わないといけない、と思っているわけです。**

●ペレットに詰めた、夢と放射性物質

原発で使う燃料の詰まったペレットは、1個が直径10ミリ、高さ10ミリほどです。

ペレットの中に、ウラン235が4パーセントくらい入っていて、そのほかはウラン238という同位体です。ウラン238そのものは核分裂しにくいんですが、原子炉の中で中性子を吸って、プルトニウム239というものに変わります。

資料9／第3期WEL研究会　福島現地ツアー放射線測定結果表（測定日2013年9月14～15日）

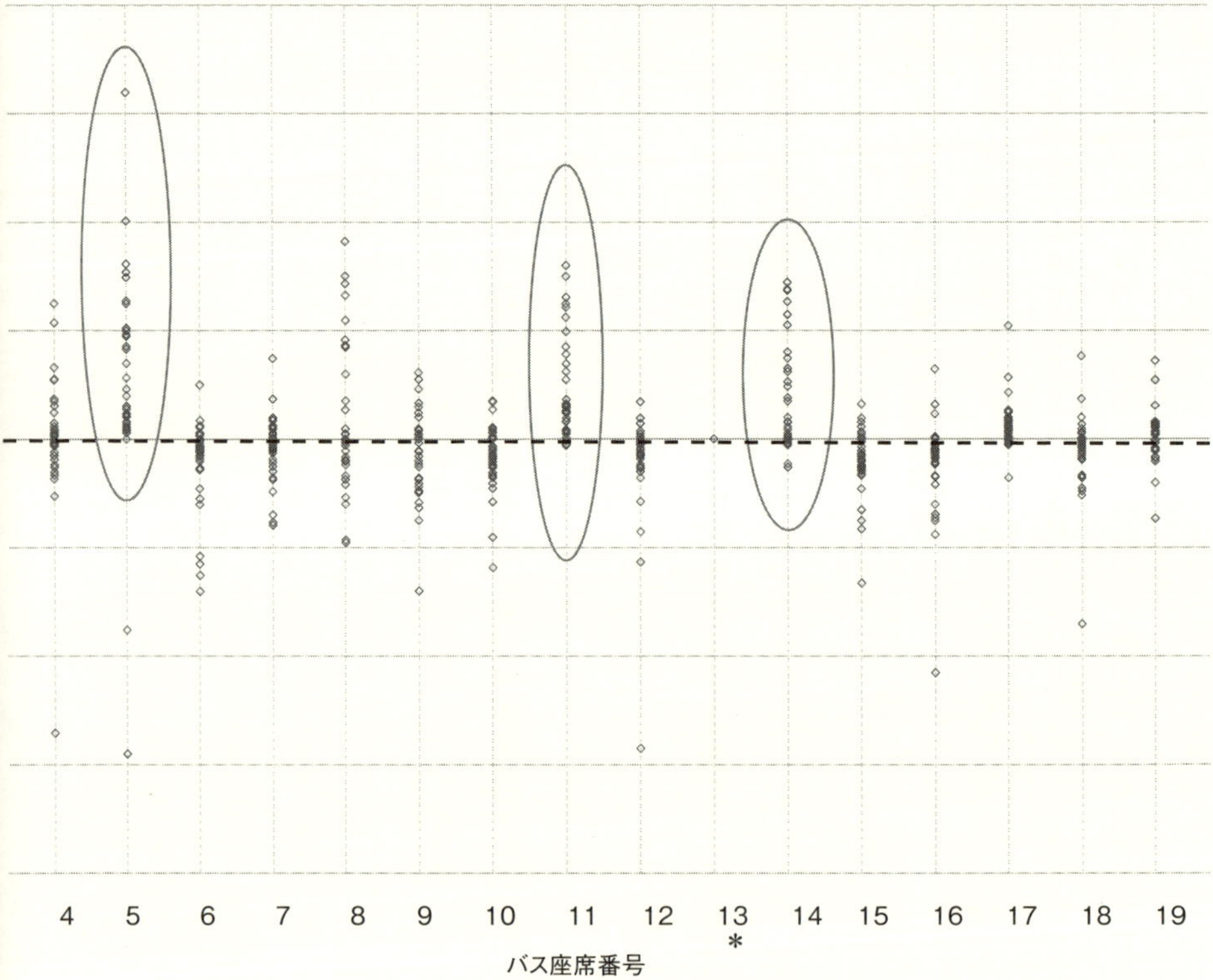

バス座席位置

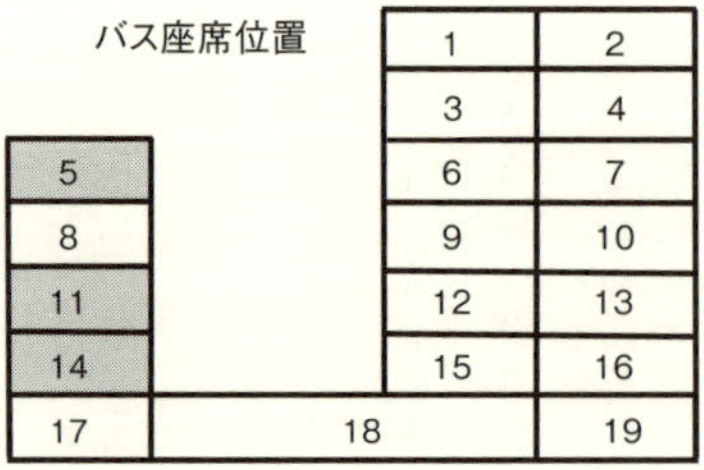

（計算方法）

1、各地点での全員の測定結果を平均

2、各人の測定値から平均値を引いた数値をグラフ化

○で囲まれた部分が、とくに平均値より大きい値が出た座席。進行方向左側（山、森などになっていることが多い）がという共通点がある一方、8番と17番では飛び抜けた値が出ていないことから、個々の測定器による影響も大きいのではないかと思われる。

*13番はデータ不備

提供：原子力資料情報室

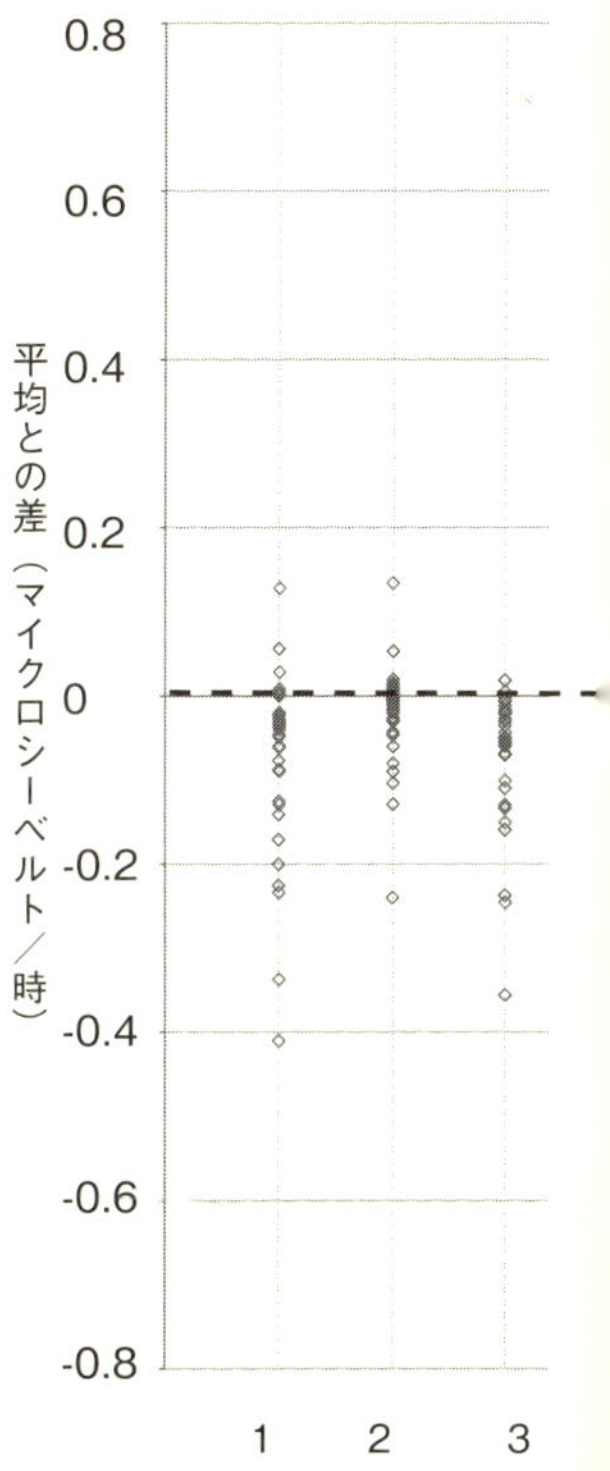

人類がはじめて、広くそれを知ったのが、長崎の原爆でした。

いま日本の、平和利用と称する原発の中で、たくさんプルトニウム２３９があるわけですね。日本はフランスやイギリスに再処理してもらったりして、すでに44トンのプルトニウムをもっていますけれど、それはもともと半減期45億年のウラン２３８からできたものです。

このウランのペレットが１個あると、日本の平均家庭１年間分の電力をつくることができると、学生時代におそわりました。素晴らしいものだと、わたしなどは思ったんですけれど。実は核分裂させると、この中にたくさん、いろんな放射性物質ができて、そのうえ非常に長い半減期をもつものがある、と。

言いにくい、言いたくはない思いですが、はっきり申し上げますと、後始末の展望はない。放射能を消すことはできない。セシウム１３７が消えるには、３００年から６００年待ってください、ということにならざるを得ないわけです。ストロンチウム９０もそうですね。半減期29年とかですから。震災のがれきを日本全国いろんなところに持っていって燃やす、というこ

とがされましたが、やはり放射能は散らしちゃいけない。集中管理にすべきだと思っています。

先日から、小泉純一郎元首相が即時原発ゼロを訴えています。その意図はよくわかりませんが、報道によりますと、フィンランドに行って「オンカロ」を見てきたのが大きな理由だそうです。みなさんの多くは、映画『100、000年後の安全』（＊20）を観たかと思います。わたしは渋谷での試写会で観ました。非常に丈夫な岩盤を地下400～500メートル掘って、使用済み核燃料を埋めて上を閉じてしまう、世界で1ヶ所しかない使用済み核燃料廃棄場所。10万年後まで大丈夫だろうということですが、人類が10万年後もいるかどうかはわかりません。わたしたちにはせいぜい、5万年の歴史しかありません。**ホモサピエンスが登場してから、まだ5万年しか経っていません。わたしたちの人生からは到底、想像もできない、はるかな未来まで生き続ける放射性廃棄物を、もうすでに、たくさん持ってしまったのです。**

＊20　『100、000年後の安全』……マイケル・マドセン監督のドキュメンタリー映画。フィンランドにつくられた、世界唯一の高レベル放射性廃棄物の永久地層処分場「オンカロ」の安全性を問うている。題名にも使われている「100、000年」とは、「オンカロ」で「放射性廃棄物が安全に保管できる」とされる期間のこと。

●4号機の冷却、放射能汚染水の対策、そして使用済み核燃料の取り出し

4号機の建物が少し傾いているという話もあり、今度すぐそばで大きな地震が起きたら、ひょっとしてプールの水が抜けるということがあるかもしれない。ほかの号機もそうですが、崩

れるとたいへんなことになる恐れがあります。

来月（2013年11月）からはじめて、**2014年いっぱいをかけて、使用済み核燃料を取り出すということになっていますけれど、うまくいくかどうかわからない。本当は、汚染水よりもそちらの方がもっと怖い問題であるという考え方もあります。**2013年9月末、4号機の使用済み燃料の取り出しを、東電に任せず、国際的なチームにやらせるべきだという国際署名運動（＊21）をアメリカの方がはじめて、あっという間に8万人分くらい集めた運動がありました。

4号機の使用済み核燃料プールの中には、崩壊熱を出している使用済み核燃料が1331体入っています。燃料棒の1本に、ペレットが300〜400個入っています。その燃料棒が、形式によりますけれど、1体に9×9や8×8で配列されています。福島第一原発にある、1〜4号機の全使用済み燃料の総放射能量はいま、震災の余震のために漏れた放射能の約10倍です。

ずいぶんあとになって、わたしたちは原子力委員会の近藤駿介委員長が、極秘のうちに当時の菅首相にレポートを出していたと知りました。4号機の使用済み核燃料プールからの放射能放出も含めて、最悪の事態の場合は首都圏壊滅の恐れがある、250キロ以遠のひとたちが避難しなければいけない事態が起こりうるのだ、と。うかつなことですが、わたしたちはその情報を、2011年の12月頃、アメリカ経由で得ました。そういう事態が進行していたんですね。

この情報はもう明らかになりましたので、これから少なくとも5年、10年は、いざというときにどうやってわが身の安全を守るのか、あるいは諦めるのか、決心をしておく必要があると思います。

小出裕章（＊22）さんは、汚染された食べ物を子どもたちに食べさせちゃいけない、老人である自分たちが食べると言っておられます。ただ、小田さんの話を出しましたが、たぶんある年齢になりますと、ギリギリ体内のバランスを保っている可能性があると思います。わたしも、ちょっと無理をするとからだがいうことをきかなくなります。そういうところへ内部被ばくで汚染を取り込んでしまうと、危ないのではないかと心配です。これは価値判断のずれるところですが、**子どもたちやこれからのお子さんをもつ若い女性の方は、とにかく避けられるだけ避けなさい、ということだと思います。**

展望が開ける話、明るい話を期待しておられた方が、少なからずいらっしゃったと思いますが、そういう話にはなりませんでした。本当に、放射能汚染格差というのはかなしいことです。非常によい条件の下では、校庭の土を、道路の舗装をはいで、子どもたちをのびのびあそばせる、ということは可能かもしれないですが、人口密集の国でこれだけ環境に広がってしまった状況は、人類がはじめて出会うようなことなので。暗い話で申しわけありませんでした。

どうもありがとうございました。

＊21　国際署名活動……作家、ジャーナリストのハーヴィ・ワッサーマン（Harvey Wasserman）さんが、福島第一原発4号機の燃料棒取り出しに対し世界的に呼びかけた署名。燃料棒取り出し作業は、事故が起きれば世界規模の影響を及ぼすことから、「東電や日本政府に任せず、国際的な専門家チームにやらせるべきだ」として、潘基文国連事務総長宛てに、２０１３年11月7日に15万筆以上が提出された。（http://www.nukefree.org/editorsblog/stop-japans-fukushima-censorship）

＊22　小出裕章さん……京都大学原子炉研究所助教。原子力の研究を続けながら、原子力の危険性を訴え、講演や著作などを通じて「反原発」を広く社会に広めている。クレヨンハウスからは『「子どもから大人まで、原発と放射能を考える」副読本　原発に反対しながら研究をつづける小出裕章さんのおはなし』（小出裕章／監修、野村保子／著）が刊行されている。

第4章　質疑応答　絶望のその先へ

この質疑応答は、２０１３年10月27日の講演会の場で行われた内容を中心にまとめました。

Q1　国は、汚染水対策の工事に予算を出していますけれども、このままではもう工事をやっても無理ということですよね。囲って止めるということを試案としてお話されていましたが、そういうもので少しでも食い止める工事をすることに、意味があるのかないのか。もうちょっといいやり方はないんでしょうか。

A1　日本のシステムが、いちばん問題なのだと思います。

基本的に事故を起こしたのは東電なので、国は「東電の責任でやれ」という姿勢を取っているのだと思いますが、実際は無理なことが東電もわかっているし、国もわかっている。それで、国が全面に出て、ということになっています。**国中にいろんな原発施設があるわけですから、そこの全技術者を集めて、きちんとしたマネジメントの元で、全力を挙げて、汚染水に取り組むというのが本来だと思います。**外国にもそういう論文が出ていますが、わたしは早くから、日本のこれまでのいろんなシステムが悪かったと反省して、これからは改善しますという大きな政治判断を、誰かがしなければいけないと思っているのですが、いまの日本の政治責任を取るひとたちは、それができないのですね。

わたしたちの電気料金の一部を使っているわけですから、結局、国民のお金を使っていることになります。そういうことをしないと収まらない、たいへんな事態であることを認識して、「自分が総責任をとるから、きちんとした仕組みにする」という政治家が現れないと、全部が後手後手に回るのではないかと心配しています。

わたしは政治家にまったく期待ができないので、悲観的なことを申し上げてすみません。

Q2　わたしは4号機のプールのことに関して心配しています。

先生のお話を聞いてよくわかったんですが、わたしもインターネットで調べて、2013年11月から1年かけての作業の予定表を見ました。こういう難しい作業を、とくに作業員の被ばくを考えながら、たったの1年で、人類がやったことのないような作業が可能なのかという疑問を、海外の学者や研究者が言っております。

果たして、1年かけてのその作業は可能なのか。また、途中で事故が起こったり、プールの上にあげた燃料が間違って落下して、事故に繋がったりする可能性もあるのでしょうか。

A2　わたしは大学院で、極低温の物性物理というのをやりました。絶対零度近くで、物質がどういう性質を示すかという、極限を追う物理です。いろんな実験をやるんですが、うまくいくことはあまりありませんでした（苦笑）。新しいことをやろうとすると、本当にだいたい失敗続きでした。条件を整えることは非常に難しいですし、専門的な状態で何年間も何年間もやって、やっと結果が出るようになります。

今度起こっている事態は、それよりももっと難しいと思っています。いま仰ったような心配は充分にあって、途中で大地震など、どんな自然現象が起きるかわかりませんし。とにかくレベルが高い放射線が相手ですよね。それから燃料集合体は非常に重いですし、作業員は常にひやひやしている状態だと思います。心配したら、本当に夜眠ることができないくらいのことが進行しようとしている。もう、半ば起きているとも思いますけれど。

Q3　雨が降ったときに東電が出すストロンチウムの量が、その場では判断できないのだということをお聞きして、東電がうそをついたというのがわかりました。

安倍首相が、「汚染水は湾内から出ていない」、「コントロールできている」と言っていますよね。東電が外洋で海水を調査していますね。調査する海水が海面なのか、海底なのかでレベルが違うと思うんですよ。調査を東電にまかせていること自体が問題で、採っている水の高さ

はある程度数値が出ないとわかっていて、そこを測定しているのではないかという恐れを、わたしはもっています。そのことについて、わかっていることがありましたら。海水面で採っているのか、同じところの海底で採っているのか、その違いを聞きたいです。

A3　難しい問題だと思います。放射性物質が一様に広がって、みんな薄まっているという保証はないと思います。あれだけ海は広いので、どこでどれだけ採ったかによって、先ほどのマイクロバスでのデータより、海水の測定はもっとあいまいだと思います。ただ、沈殿物になって、陸側の海底に沈んでいる放射性物質の量は相当多いと思います。それを魚が取り込む。魚の種類によると思いますが、その魚をわたしたちが食べる。それを心配するわけです。

ですから、**沖合い何メートルかのかなり深いところの海水を採って調べているようですけれども、あくまでも参考データに過ぎなくて、安心できるものでは全くないと思います。**本当にわからないことだらけです。海中の分布状況は、いつになってもわからないと思います。

Q4　**体内のベータ線を測るのが困難だということは、とても問題だと思うのですが。日本はとくにお魚が好きな人間が多いと思うので、いくつかの県が、例えば魚の段階でストロンチウムを測ることができるような装置を購入して、測る体制を整えるというのは現実的にはどうな**

のか。費用面とか、行政的に提案してゆくことはどうなのかということをお聞きしたいです。装置を買うことはできるんでしょうか。

A4　獲れた魚を、プロが1週間ぐらい時間をかければ、それがどういう放射性物質を、どのくらい取り込んでいるかを調べることは、可能だと思います。ただ、そういうでき合いの装置はないと思います。ベータ線を測ることができる研究装置を持っているところは、日本にはいくつもあります。大学や研究所にはありますから。そういうところが、ほかの仕事はしないで、全力をあげて採ってきたスズキがどうかを調べるとしたら、それはできると思います。

Q5　今日は言われた通り、明るい話を期待してきました。単刀直入に言って「みなさん諦めてください」という印象しか受けませんでした。講演の前に落合（司会／クレヨンハウス主宰）さんが、官邸前での特定秘密保護法案（＊23）の抗議の話をされましたけれども、わたくしも行っています。みなさん、集まりが少ないんです、本当に。それでも、そういう運動を突破口にして、国を動かしてゆこうじゃないですか。諦めてばかりじゃダメです！　悠長なことを言ってる場合じゃないです。傍観者は、原発つくった連中よりも悪い。

A５　わたしも、何かルートをつくって……とそう思うんです。ただ、何をやるのがいちばん有効か、というのが難しいんですよね。

司会（落合）　とてもつらいことだけれども、現実を見ない限り、ちゃんとした動き方はできない。わたしは今日、山口さんにシリアスな現実を、あえてことばにしていただいたことをありがたく思います。

２０１１年3月11日以降、わたしも含めて、どうにかして明日を拓きたいという希求があった。みんなでデモに行ったり、この「朝の教室」ももちろんそうなのですが、ささやかでも続けてきました。しかし無念なのは、２０１２年の総選挙と２０１３年の参議院選挙の結果（＊24）です。その結果が、あらゆるところにでています。

原発をつくった連中が悪い、傍観者も悪いというのは、もちろんでしょう。しかし、現状をより正しく深く知って、反対する。わからないと反対すらできないから、というのが、私見です。

＊23　特定秘密保護法案……防衛、外交、スパイ活動の防止、テロ防止の4つの分野で、国の安全保障に関わる情報を、政府が「特定秘密」に指定し、公務員や警察官、民間業者などを対象に取り締まるとされる。知る権利の観点から、出版や報道については、法令違反や著しく不当な方法でない限りは正当とするとしている。２０１３年12月6日（金）、強行採決にて成立。

＊24　２０１２年の総選挙と２０１３年の参議院選挙……衆議院議員総選挙は、２０１２年12月4日（火）に公示、16日（日）に投開票され、民主党・野田政権から自民党・安倍政権へと交代した。参議院議員選挙は、２０１３年7月4日（木）に公示、21日（日）に投開票され、自民党・公明党が合わせて過半数の議席を獲得し、国会内のねじれが解消される結果となった。

山口幸夫

やまぐち・ゆきお／新潟県生まれ。物性物理学専攻、工学博士。友人の高木仁三郎さん（１９３８〜２０００）に後を託され、１９９８年より原子力資料情報室の共同代表を務める。著書は、単著に『ハンドブック原発事故と放射能』、『理科がおもしろくなる12話』（ともに岩波ジュニア新書）など、共著に『原発を終わらせる』（岩波新書）、『一九六〇年代　未来へつづく思想』（岩波書店／刊）など多数。

わが子からはじまる
クレヨンハウス・ブックレット　０１４

福島第一原発の
「汚染水問題」は止まらない

２０１４年２月４日　第一刷発行

著者　山口幸夫
発行人　落合恵子
発行　株式会社クレヨンハウス
〒１０７・８６３０
東京都港区北青山３・８・15
ＴＥＬ　０３・３４０６・６３７２
ＦＡＸ　０３・５４８５・７５０２
e-mail　shuppan@crayonhouse.co.jp
URL　http://www.crayonhouse.co.jp
表紙イラスト　平澤一平
装丁　岩城将志（イワキデザイン室）
印刷・製本　大日本印刷株式会社

ISBN 978-4-86101-268-6
C0336 NDC539
Printed in Japan